石油産業の真実

—大再編時代、何が起こるのか—

橘川 武郎

石油通信

石油通信社新書

002

はじめに

「石油の一滴は血の一滴」。第一次世界大戦のさなか、フランス大統領ジョルジュ・クレマンソーがアメリカ大統領トーマス・ウッドロー・ウィルソンにあてて、石油の緊急支援を要請した時に、使った表現です。石油の戦略的重要性を示す言葉として、しばしば引用されます。

それから約一〇〇年を経過した今も、石油が、くらしや産業にとって欠かすことのできない大切なエネルギーであることは、少しも変わっていません。いや、むしろ、石油の価値は、いっそう高まりつつあります。

振り返れば、二〇世紀は、「石油の世紀」だったと言えます。例えば、アメリカから始まったモータリゼーションの波は、やがて世界の津々浦々まで広がり、自動車は、人々のくらしや産業のあり方を大きく変えました。それを可能にしたのも、自動車用燃料として、石油製品であるガソリンやディーゼルが広く普及したからなのです。

わが国でも、一九世紀の終わりに石油産業が創始されてしばらく経ったたころには、油田での原油生産から石油製品の小売までを一括して取り扱う、垂直統合型ビジネスモデルが支配的でした。しかし、やがて、石油製品需要の伸びに対して国内での原油生産が追いつかなくなり、石油製品や原油の調達を輸入に頼らざるをえなくなりました。日本にとって、石油の確保は、国の存立の根幹にかかわる重大な課題となったのです。

太平洋戦争は、わが国にとって、石油を確保するための戦争だったと言っても、けっして過言ではありません。その戦争に敗れた日本の石油産業は、外資提携と消費地精製方式で特徴づけられる戦後型枠組みのもとで、再建を期すことになりました。

戦後、わが国の石油企業は、太平洋岸を中心に製油所を次々と建設し、一九五〇年代半ばから始まった「日本経済の奇跡の復興」＝高度経済成長を牽引する役割をはたしました。この時期には、中東などでの原油の増産により油価が低廉に推移したこともあって、世界的に石炭から石油へのシフト、いわゆる「エネルギー流体革命」が起きましたが、主要国のなかでその先頭を切ったのは日本であり、それに続いたのはイタリアでした。その日本が世界トップの経済成長をはたし、西側諸国で成長率第二位を占めたのはイタリアだったわけですから、石油は経済成長の立役者だったと言うことができます。

高度経済成長期にわが国の石油産業は、業容を著しく拡大しました。しかし、量的な成功とは裏腹に、質的には看過しがたい問題を抱えることになりました。（一）上流部門（開発・生産）と下流部門（精製・販売）の分断、（二）石油企業の過多・過小、という二点に要約することができる、構造的な弱点が深化していったのです。その結果、同じ敗戦国で、同じ石油輸入国であるにもかかわらず、石油産業に関する限り、イタリアと日本では大きな違いが生じることになりました。イタリアでは、Ｅｎｉという準メジャー級の国際競争力をもった石油企業が出現したにもかかわらず、日本では、いわゆる「ナショナル・フラッグ・オイル・カンパニー」が出現するにはいたらなかったのです。

一九七〇年代に二度にわたって発生した石油危機は、日本のみならず世界の石油産業に大きな影響を及ぼしました。石油消費国の石油企業にとって、それは、「試練の時代」の始まりを意味しました。一九八〇年代からは規制緩和の動きが世界に広がり、国際的にも国内的にも、石油業界の再編が進みました。

「試練の時代」を迎えることになった日本の石油業界に追い打ちをかけたのは、二一世紀にはいって、石油製品の国内需要が減少傾向をたどるようになったという事情でした。内需縮小を受けて、わが国の石油産業について、それを「構造不況業種」とみなす見方が、徐々に広がりつつあります。

しかし、このような見方は、本当に正確なものなのでしょうか。本書では、日本の石油産業は「構造不況業種」であり未来を見通すことはできないとする、最近広がり始めた悲観論に対して、正面から反論してゆきたいと考えています。どのようにすれば、わが国の石油産業は、構造的弱点を克服することができるのか。いかなる手を打てば、日本の石油企業は、内需減少のもとでも、成長戦略を遂行しうるのか。そして、日本版ナショナル・フラッグ・オイル・カンパニーは、どのような道筋をたどって登場するのか。これらの論点を解き明かすことが、本書のテーマです。

石油産業の真実―大再編時代、何が起こるのか―　目次

第三章　三人の英雄／エンリコ・マッテイ、出光佐三、山下太郎…129

※文中の引用文献や記事は、原則原文のまま引用した。

序章　石油産業は本当に「構造不況業種」なのか？

第一節　エネルギー政策巡る不思議／「カギ」は原発事故にあり

自由化／法的介入、手段を選ばず主導権を握る経産省

現在、日本のエネルギー政策をめぐって、不思議な現象が起きています。電力とガスについては、システム改革による自由化が進行しているにもかかわらず、自由化がいったん完了した石油に関しては、最近になって、エネルギー供給構造高度化法にもとづき残油処理装置の装備率の上昇を法的に義務づけたのです。政府は、エネルギー産業への関与を弱めようとしているのか、それとも強めようとしているのか。一見すると矛盾しているように映る政府、とくに経済産業省の動きは、どのように読み解けば良いのでしょうか。

この問題を解き明かすうえでのカギは、二〇一一（平成二三）年三月の東京電力・福島第一原子力発電所の事故にあります。この事故を機に東京電力の社会的影響力は大きく後退し、同社は、事実上、政府の管理下に置かれることになりました。

誤解をおそれず言えば、福島第一原発事故以前の時期には東京電力は、経済産業省にとって、「目の上のコブ」のような存在でした。同省が進めようとしたエネルギー政策面での重要な施策が東京電力の「抵抗」にあって頓挫することも、しばし

ばでした。二〇〇〇年代初頭に盛り上がったサハリンと茨城県・鹿島とをつなぐ天然ガスパイプライン敷設計画が挫折を余儀なくされたのも、東京電力が反対の態度を崩さなかったからだったのです。

その東京電力が一挙に力を失った福島第一原発事故をきっかけにして、経済産業省は、エネルギー業界に対して反転攻勢に出つつあります。たとえエネルギー関連各業界に異論があろうとも、経済産業省は、エネルギー政策面での主導権を断固として貫くという方針に転じたのであり、その表れが、たまたま電力・ガスでは自由化、石油では法的介入という異なる形をとっているに過ぎないのです。電力・ガスの自由化も、石油の法的介入も、経済産業省がエネルギー業界に対して自らの力を誇示するという点では変りがなく、同じコインの表裏だと言えます。

経済産業省が、最近になってエネルギー業界への攻勢を強めている背景には、もう一つの事情があります。それは、安倍晋三内閣の目玉政策である「アベノミクス」の「第三の矢」である成長戦略の遂行過程において、甘利明経済再生担当大臣にばかり光が当たり、経済産業大臣のカゲが薄くなっているという事情です。経済産業省には、成長戦略についても、経済再生についても、本来は自らの所管事項だという意識が強いのです。そこで、巻き返しをねらう経済産業省がそのきっかけにしようとしているのが、二〇一四年一月に施行された産業競争力強化法の運用で主導権を発揮することです。同省のホームページでは、産業競争力強化法に関して、「本法律は、アベノミクスの第三の矢である『日本再興戦略』（平成二五年［二〇一三年］六月一四日閣議決定）に盛り込まれた施策を確実に実行し、日本経済を再生し、産業競争力を強化することを目的としています」と説明しています。

二〇一四年六月、今後の石油政策のあり方を検討していた※総合資源エネルギー調査会資源・燃料分科会石油・天然ガス小委員会（以下では、石天小委と略す。筆者は、この小委の委員長をつとめました）の審議の真最中に、経済省資源エネルギー庁が、石油精製業に対して、突然、産業競争力強化法五〇条を適用する方針を打ち出した背景には、このような事情がありました。産業競争力強化法五〇条は、供給過剰に陥っている業界について、政府がその商品やサービスの市場動向を調査し、事業統合やM＆A（合併・買収）が必要であるとの認識を示すことにより、業界再編を促すねらいをもった条項です。石油精製業は、その産業競争力強化法五〇条適用の第一号となったのであり、各メディアは、この動きを、「産業競争力強化法適用で退路断たれた石油業界」（『経済界』）などと、大々的に報じました。

石油精製業は「構造不況業種」か？

二〇一四年七月にまとめられた石天小委の中間報告書は、日本の石油精製業者の現状について、表1のようにまとめたうえで、経済産業省資源エネルギー庁が実施した産業競争力強化法五〇条にもとづく調査の結果を、次のように紹介しています（一部を抜粋）。

「我が国の石油精製業者は企業再編を繰り返し、現在8グループ13社に集約され、その製油所も、事業再編（統合、閉鎖、機能転換等）により23ヵ所にまで集約された」。

「業界全体の売上高合計で約25兆円（2013年度決算）にのぼる巨大産業であるが、営業利益合計は約1491億円（同）にとどまる。売上高利益率は、13社平均で0・7％程度（同）である。特に2013年度は、石油精製業による石油製品出荷額の50％以上（2012年）を占めるガソリンの需給バランスが崩れたことなどにより、春先から国内市況が悪化し、石油精製業者の収益は大きな打撃を受けた」。

この部分だけを読むと、日本の石油産業は、あたかも「構造不況業種」であるかのように見えます。

表 1　わが国の石油精製業者の概況（2014 年 6 月末現在）

石油精製業者		製油所名	石油姿勢能力（バレル／日）	精製能力シェア（%）
JX グループ	JX 日鉱日石エネルギー（株）	仙台製油所、根岸製油所、水島製油所、麻里布製油所、大分製油所	1,425,700	36.1
	鹿島石油（株）	鹿島製油所		
	大阪国際石油精製（株）	大阪製油所		
東燃ゼネラルグループ	東燃ゼネラル石油（株）	川崎工場、堺工場、和歌山工場	708,000	17.9
	極東石油工業（同）	千葉製油所		
出光興産（株）		北海道製油所、千葉製油所、愛知製油所	555,000	14.1
コスモ石油（株）		千葉製油所、四日市製油所、堺製油所	452,000	11.5
昭和シェルグループ	東亜石油（株）	川崎工場	445,000	11.3
	昭和四日市石油（株）	四日市製油所		
	西部石油（株）	山口製油所		
富士石油（株）		袖ヶ浦製油所	143,000	3.6
太陽石油（株）		四国事業所	118,000	3.0
南西石油（株）		西原製油所	100,000	2.5

出所：総合資源エネルギー調査会資源・燃料分科会石油・天然ガス小委員会『中間報告書』（2014 年 7 月）。

注：極東石油工業は合同会社。

五〇条調査の発表と同時に、経済産業省は、エネルギー供給高度化法にもとづく告示を改定し、石油精製各社に対して、残油処理装置の装備率を二〇一六年度までに上昇させることを法的に義務づけました。次の式にありますように、残油処理装置とは、重質油（残油）流動接触分解装置（RFCC）、熱分解装置（コーカー）、残油水素化分解装置（H‐Oil）、重油直接脱硫装置（直脱）、流動接触分解装置（FCC）、溶剤脱れき装置（SDA）の総称であり、「残油処理装置の装備率」とは、これらの合計能力を※常圧蒸留装置（トッパー）の能力で除したものと定義されます。

つまり、石油精製各社は、改定された告示によって、二〇一四～一六年度のあいだに、㈠残油処理装置の能力を増強するか、㈡常圧蒸留装置（トッパー）の能力を削減するか、㈢その両方を同時に遂行するか、のいずれかを実行することを義務づけられたわけです。

経済産業省は、この改定告示を発表する際に、わざわざ、「各社がすべて常圧蒸留装置の能力削減で対応した場合、日本全体としては現在の約３９５万バレル／日の精製能力から約40万バレル／

$$\text{残油処理装置の装備率} = \frac{\text{RFCC} + \text{コーカー} + \text{H-Oil} + \text{直脱} + \text{FCC} + \text{SDA}}{\text{常圧蒸留装置（トッパー）の処理能力（公称能力）}}$$

日の能力が削減されることになるが、これは、今後の需要見通しに照らした国内需給ギャップに鑑み、適切な水準である」、という注釈を付けました。この注釈は、五〇条調査が示した石油産業をあたかも「構造不況業種」であるかのようにみなす見方とあいまって、各メディアには、経済産業省が製油所の設備廃棄と統廃合を通じて、石油会社の統合による業界再編をめざしている、と受けとめられたのです。先に言及した「産業競争力強化法適用で退路断たれた石油業界」という見出しは、このようなメディアの反応の一例です。

成長戦略を描くことは十分に可能

これらのメディアの報道は、経済産業省の企図について、ある程度的確に伝えていると思われます。しかし、同省の企図が「設備廃棄→製油所統廃合→企業統合による業界再編」というリストラ型再編だけにあるのだとすれば、それが、そう簡単に実現するとは思われません。石油産業の担い手はあくまで民間企業であり、たとえ製油所の統廃合や業界の再編を行うことになったとしても、当然のことながら、政府主導ではなく、企業としての自主的な判断にもとづいて行動するはずだからです。また、そもそも、石油産業は本当にリストラ型再編を必要とするような「構造不況業種」なのかという、疑問も残ります。

ここで、石天小委の中間報告書の全体に目を向けることにしましょう。同報告は、「石油精製業の国際競争力に向けた課題」として、

1．製油所の生産性向上

1－1．過剰精製能力の解消（需要に見合った生産体制の構築）

1－2．統合運営による設備最適化

1－3．高付加価値化（残油処理能力の向上、石油化学品等得率の向上）

1－4．設備稼働率を支える稼動信頼性（設備保全）の向上

1－5．エネルギー効率の改善

2．戦略的な原油調達

3．公正・透明な価格決定メカニズム等の構築

4．海外事業等の充実による国際的な「総合エネルギー企業」への成長

の諸点をあげています。これらのうちの1－1、1－2や1－3のなかの「残油処理能力の向上」の部分は、「設備廃棄→製油所統廃合→企業統合による業界再編」というリストラ型再編の流れに沿ったものと解釈することも可能です。しかし、1－2、1－3、1－5、2、4などは、およそ「構造不況業種」ではありえない、前向きな成長戦略だとみなす方が自然です。

筆者は、『プレジデント』誌の二〇一三年七月一日号に寄せた「ガソリン需要が

急減、石油業界はどう生き残るか」というエッセイのなかで、「日本の石油業界は、競争で鍛えられた『底力』を今こそ発揮し、内需の減退という逆境を克服して『逆転勝利』を手にするために、ノーブルユースの徹底、ガス・電力事業への進出、輸出の拡大、海外直接投資の推進、という四つの成長戦略を遂行しなければならない」と書いたことがあります。この四つの成長戦略のうち「ノーブルユースの徹底」は、右記の1－3の「石油化学品等得率の向上」に該当しますし、「ガス・電力事業への進出」も、4の『総合エネルギー企業』への成長」につながります。また、「輸出の拡大」と「海外直接投資の推進」は、4の「海外事業等の充実」に当たります。

これらの内容の一致から、石天小委の中間報告書は、けっして後ろ向きなリストラ型再編に重点を置いたものではなく、基本的には、前向きな成長戦略を打ち出したものだと言うことができます。石油産業については、構造不況業種とみなすのは適切ではなく、成長戦略を描くことが十分に可能なのです。本書では、日本の石油産業の歴史やそこで活躍した人物について振り返ったうえで、終章で、同産業の国際競争力強化をもたらす成長戦略について詳しく掘り下げます。

第二節　急減する石油製品需要とガソリンスタンド

ただし、成長戦略を描くためには、その大前提として、日本の石油産業が直面する問題について正視しなければなりません。問題は、最近における内需の減少と、それ以前から存在している構造的な弱点との二つに、大きく分けることができます。

日本の石油産業が直面する問題

日本石油産業が直面する最大の問題は、国内における石油製品の需要減退に歯止めがかからないことです。

表2は、石油備蓄目標の基礎データとするために、総合資源エネルギー調査会資源・燃料分科会石油・天然ガス小委員会の市場動向調査ワーキンググループが、二〇一四年三月に策定した二〇一四～一八年度の石油製品（燃料油）需要見通しをまとめたものです。この時点で原子力発電所の運転見通しがはっきりしていなかったため、電力用C重油を除いた数値になっています。この表からわかるように、二〇一四～一八年度の五年間に、日本の石油製品需要は、全体で八・四％も減少します。ガソリンは九・五％、灯油は一五・三％減り、一般用B・C重油にいたっては二六・三％も減少する見通しなのです。

石油製品の国内需要の減少にともなって、サービスステーション（ＳＳ）、いわゆるガソリンスタンドも急減しています。一九九四年には約六万ヵ所あった日本国内のＳＳは、二〇一三年度末には約三万五〇〇〇ヵ所にまで減ってしまったのです。ＳＳの急減をもたらした主要な原因は、販売量減少による収益の悪化ですが、それだけでなく、消防法の改正による地下タンク改修の義務化によるコストの増加、施設の老朽化、後継者難の深刻化などの要因も作用しています。

国主導で相次ぐ製油所の設備縮小

第二次世界大戦後の日本では、石油精製業が消費地精製主義にもとづいて経営されてきました。この考え方によれば、製油所は、あくまで内需向けに石油製品を生産します。したがって、日本国内の石油製品需要が減退すれば、製油所の生産量も減少することになります。石油精製業のような装置産業では、生産量が減少し設備稼働

見通し

灯 油	軽 油	A重油	一般用 B・C 重油	合 計
18,126	34,079	13,108	7,018	179,373
15,348	32,734	10,402	5,174	164,275
15.3	3.9	20.6	26.3	8.4

「平成 26 ～ 30 年度石油製品需要見通し」（2014 年 3 月 28 日）。

率が低下すると、経営上、きわめて大きな打撃を蒙ります。打撃を回避するためには、余剰生産設備を廃棄するしか方法がありません。このような事情で、最近の日本では、製油所の縮小が相次いでいるのです。

具体的には、二〇一〇年四月にＪＸホールディングスへ経営統合した新日本石油と新日鉱ホールディングスが、二〇〇九年一二月に、水島、根岸、大分製油所の常圧蒸留装置（トッパー）各一基の停廃止と、鹿島製油所のトッパー一基の原油処理能力の削減を発表したのがきっかけです。続いて、二〇一〇年二月には、昭和シェル石油が、京浜製油所扇島工場を閉鎖することを決めました（同社は、その一ヵ月後、傘下の東亜石油の京浜製油所水江工場のトッパーの稼動を停止する措置も講じました）。さらに、出光興産も、二〇一〇年三月、製油所の一時操業停止を打ち出しました。このような動きは、さらに広がっていったのです。

二〇一〇年一一月二日付の『日本経済新聞』朝刊は、

表２　日本国内における 2014 ～ 18 年度の石油製品（燃料油）需要

油　種	ガソリン	ナフサ	ジェット燃料
2013 年度実績（千 kℓ）	55,960	46,031	5,053
2018 年度見通し（千 kℓ）	50,634	45,113	4,870
2014 ～ 18 年度減少率（%）	9.5	2.0	3.6

出所：総合資源エネルギー調査会資源・燃料分科会石油・天然ガス小委員会市場動向 WG
註：1. 2014 年度の実績値は、2014 年 3 月 28 日時点での実績見込み。2.電力用 C 重油を除く。

一面トップで「石油精製能力25％削減」という見出しの記事を載せ、次のように報じました。

「ＪＸホールディングス（ＨＤ）など石油元売り各社は石油の精製能力を２０１３年度までに今年４月時点に比べ合計で日量１３０万バレル前後減らす計画を経済産業省に提出した。削減率は精製能力全体（日量４８０万バレル）の４分の１強。国内需要の減少に加え、重質成分の利用を促す『エネルギー供給構造高度化法』の新基準に対応するためだ。今後製油所の閉鎖や統廃合が加速し、業界再編は必至の情勢だ」。

現実には、日本国内における製油所の精製能力削減は、この『日本経済新聞』の見立てよりは、ややゆるやかに進行しました。二〇〇八年四月に二八製油所約日量四八九万バレルだったわが国製油所の原油処理能力は、二〇一四年四月には二三製油所日量約三九五万バレルとなり、約二〇％の能力削減がみられたのです。

資源エネルギー庁資源・燃料部「石油・天然ガス政策の動向について」（二〇一四年一二月二五日）によれば、この間に原油処理能力を削減したのは、

・ＪＸ日鉱日石エネルギー（以下ＪＸエネルギー）室蘭製油所（北海道）：一八〇、〇〇〇→ゼロ（バレル／日、以下同様）

・鹿島石油鹿島製油所（茨城県）：二七〇、〇〇〇→二五二、五〇〇

・極東石油工業千葉製油所（千葉県）：一七五、〇〇〇↓一五二、〇〇〇
・富士石油袖ヶ浦製油所（千葉県）：一九二、〇〇〇↓一四三、〇〇〇
・東亜石油京浜製油所（神奈川県）：一八五、〇〇〇↓七〇、〇〇〇
・東燃ゼネラル石油川崎工場（神奈川県）：三三五、〇〇〇↓二六八、〇〇〇
・ＪＸエネルギー根岸製油所（神奈川県）：三四〇、〇〇〇↓二七〇、〇〇〇
・帝石トッピング頸城製油所（新潟県）：四、七二四↓ゼロ
・日本海石油富山製油所（富山県）：六〇、〇〇〇↓ゼロ
・コスモ石油四日市製油所（三重県）：一七五、〇〇〇↓一一二、〇〇〇
・東燃ゼネラル石油和歌山工場（和歌山県）：一七〇、〇〇〇↓一三二、〇〇〇
・ＪＸエネルギー水島製油所（岡山県）：四五五、二〇〇↓三八〇、二〇〇
・出光興産徳山製油所（山口県）：一二〇、〇〇〇↓ゼロ
・コスモ石油坂出製油所（香川県）：一四〇、〇〇〇↓ゼロ
・太陽石油四国事業所（愛媛県）：一二〇、〇〇〇↓一一八、〇〇〇
・ＪＸエネルギー大分製油所（大分県）：一六〇、〇〇〇↓一三六、〇〇〇

の一六製油所でした。一方、原油処理能力を増強したのは、

・出光興産北海道製油所（北海道）：一四〇、〇〇〇↓一六〇、〇〇〇
・出光興産愛知製油所（愛知県）：一六〇、〇〇〇↓一七五、〇〇〇

・昭和四日市石油四日市製油所（三重県）：二一〇、〇〇〇→二五五、〇〇〇
・コスモ石油堺製油所（大阪府）：八〇・〇〇〇→一〇〇、〇〇〇
の四製油所でした。

二〇一〇年一一月二日付の『日本経済新聞』の記事が言及している『エネルギー供給構造高度化法』の新基準」とは、どのようなものでしょうか。それは、二〇〇九年七月に公布され、同年八月に施行された「エネルギー供給事業者による非化石エネルギー源の利用及び化石エネルギー原料の有効な利用の促進に関する法律」（エネルギー供給構造高度化法）にもとづき設定された基準のことであり、次のような算式で「重質油分解装置の装備率」（α）を求め、このαを二〇一三年度までに、日本全体で現行の一〇％から一三％へ三ポイント引き上げるという基準でした（この基準を定めた告示が二〇一四年に改定され、新たに「残油処理装置の装備率」の上昇をめざす基準が導入されたわけです）。この基準は、「重質油分解装置の装

$$\text{重質油分解装置の装備率}(\alpha)=\frac{\text{重質油分解装置（RFCCまたはコーカー）の処理能力}}{\text{常圧蒸留装置の処理能力}}$$

高度化法対応でコスモ・坂出製油所は閉鎖（写真は稼働中のもの）

備率」（α）を引き上げるために、αが一〇％未満の石油精製業者（企業グループ）には一〇四五％以上の改善（αの向上比率）を、一〇％以上一三％未満の精製業者には三〇％以上の改善を、一三％以上の精製業者には一五％以上の改善を、それぞれ義務づけたのです。

　重質油分解装置の増強が石油の有効利用につながるのは、㈠新たに供給される原油は軽質油油田の枯渇から徐々に重質化する見通しである、㈡一方で石油製品に対する需要面ではC重油などが後退しガソリン等の比率が高まる「白油化」（製品需要の軽質化）がいっそう進行する、㈢それらの現実をふまえれば製油所における重質油分解装置の増強は需給のミスマッチを解消し石油の有効利用を実現する、という事情が存在するからです。この基準は、ＲＦＣＣ（残油流動接触分解装置）とコーカー（重質油熱分解装置）を重質油分解装置として認定していますが、これらは、常圧蒸留装置で原油から分別蒸留されたのちの重質成分を多く含む残油をさらに接触分解ないし熱分解して、そこからも軽質製品を生産する装置です。

第三節　製油所縮小はエネルギー安保の根幹を揺るがす

エネルギー供給構造高度化法で削減されるトッパー能力

重質油からより多くの軽質製品（白油）を製造し、石油をめぐる需給のミスマッチを解消するという点では、石油の有効利用の焦点を重質油分解装置の増強に求める、エネルギー供給構造高度化法にもとづくこの基準の考え方自体は、正鵠を射たものだと言えます。ただし、需要が減少しているという現在の日本の石油製品市場の実情をふまえれば、エネルギー供給高度化法によって二〇一三年に向けて設定された目標である重質油分解装置の装備率（α）の向上は、分子（重質油分解装置の処理能力）の増加よりは、分母（常圧蒸留装置の処理能力）の減少によって達成される可能性が高かったと言えます。その意味で、右記の基準は、事実上、常圧蒸留装置の処理能力の減少＝製油所の縮小を促進するものだったとみなすことができます。

製油所の縮小自体は、企業の生き残りを賭けた経営判断によるものであり、それを批判することはできません。ただし、ここで注意を喚起する必要があるのは、製油所の縮小がこのまま広がりをみせれば、わが国のエネルギー・セキュリティの根幹を脅かすゆゆしき事態になりかねないという点です。

日本の石油をめぐるエネルギー・セキュリティは、一定規模以上の精製設備が国内に存在することを前提条件として、㈠海外で※自主開発油田を確保することと、㈡国内で原油を中心に十分な備蓄をもつこととの二つを柱にして、成り立ってきました。最近では、自主開発油田の確保はある程度成果をあげ、原油備蓄は充実していると言うことができますが、肝心の「一定規模以上の精製設備の存在」が、ここにきて急速に不透明感を増してきたわけです。製油所の縮小に歯止めをかけないと、石油をめぐるエネルギー・セキュリティの前提条件が崩壊しかねないのです。

保護政策ではなく競争力を高めることが重要

エネルギー・セキュリティを確保するために製油所の縮小に歯止めをかけるべきだとは言っても、留意すべき点があります。それは、国際競争力がない製油所を保護政策などの施策によって国内に残すことは、経済的に非合理であり、製品価格の上昇などを通じて結果的に国民の利益を損ねることにつながるので、そのような方策はとるべきではないという点です。

エネルギー・セキュリティを確保するため国内に存在することが求められる製油所は、国際競争力をもつ「強い製油所」でなければなりません。強い製油所を有するためには、日本の石油企業、ひいては石油産業自体が国際競争力をもたなければならないのは当然です。本書が、日本石油産業の国際競争力強化を基本的なテーマとするのはこのためですが、ここで「強化」という表現を用いるのは、現状では、日本石油産業が十分な競争力を有していないと考えるからです。その根拠は、国内需要が減少し製油所の縮小が見込まれるという、当面の問題だけに限定されるわけではありません。日本石油産業は、より本質的な構造的弱点をもっています。ここでは、その構造的弱点を直視することにしましょう。

世界石油企業上位五〇社ランキングに登場しない日本

アメリカの石油専門誌ＰＩＷ（Petroleum Intelligence Weekly）は、毎年、世界の石油企業上位五〇社のランキングを発表しています。このランキングでは、石油埋蔵量、天然ガス埋蔵量、石油生産量、天然ガス生産量、石油精製能力、石油製品販売量の六要素についてそれぞれ順位づけを行い、そのうえでそれらの単純平均を求めて総合的な順位を決定しているのです。二〇一二年の実態にもとづいて作成されたＰＩＷの二〇一三年一一月発表のランキングから、世界市場で活躍する主要な石油企業は、三つのタイプに分けられることが判明します。

第一は、アメリカ系のエクソンモービル（総合で三位、以下同様）・シェブロン（九位）、イギリス系のＢＰ（六位）、オランダ・イギリス系のロイヤル・ダッチ・シェル（七位）、からなる、いわゆるメジャーズ（大手国際石油資本）です。ＰＩＷの石油企業上位五〇社ランキングでは、対象とした六要素のうち四要素（石油埋蔵量、天然ガス埋蔵量、石油生産量、天然ガス生産量）が石油産業の上流部門にかかわるものであるため、上流に強い企業が上位にランクされる傾向がみられますが、もし、下流部門にかかわる二要素（石油精製能力、石油製品販売量）のみを取り上げて下流に関するランキングを作成すれば、メジャーズ各社の順位はさらに上昇し（その場合には、エクソンモービルが一位、ロイヤル・ダッチ・シェルが二位、ＢＰが四位、シェブロンが一〇位となる）、四社中三社がトップ五以内にランクインすることになるわけです（ここでは、二〇一三年一一月発表のＰＩＷの世界石油企業上位五〇社ランキングのデータにより、石油精製能力と石油製品販売量の二要素についてそれぞれ順位づけを行なって、それらの単純平均を求めて下流部門に関するランキングを決定しました。単純平均値が同一の場合には、石油精製能力と石油製品販売量の合計値が大きい企業を上位とみなしました。したがって、二〇一三年一一月のＰＩＷの世界石油企業上位五〇社ランキングに登場しない石油企業は、もともと検討対象から外されていることに留意してください）。

第二は、サウジアラビアのサウジアラムコ（総合で一位、以下同様）、イランのＮＩＯＣ（二位）、ベネズエラのＰＤＶ（五位）、ロシアのガスプロム（八位）・ルクオイル（一五位）・ロスネフチ（一六位）、メキシコの Pemex（一一位）、クウェートのＫＰＣ（一一位、Pemex とＫＰＣは同一順位でした）、ブラジルのペトロブラス（一三位）、アルジェリアの Sonatrach（一四位）、カタールのＱＰ（一七位）アラブ首長国連邦のＡＤＮＯＣ（一八位）マレーシアのペトロナス（二〇位）などの、石油・天然ガス輸出国における国策石油企業です。これらの企業は、石油・天然ガスの世界市場においてメジャーズに伍する地位を占める有力なプレイヤーであり、なかには、下流部門の上位に名を連ねるものもあります（下流に関するランキングにおいて、ペトロナスは六位、サウジアラムコは七位、ＰＤＶは九位、ＮＩＯＣは一二位、ルクオイルは一二位、Pemex は一三位、ロスネフチは一四位、ガスプロムは一五位、ＫＰＣは一六位、インドネシアのプルタミナは一七位、イラクのＩＮＯＣは二〇位を占めました）。

第三は、中国のＣＮＰＣ（総合で四位、以下同様）・Sinopec（一九位）・ＣＮＯＯＣ（三二位）、フランスのトタール（一〇位）、イタリアのＥｎｉ（二一位）、エジプトのＥＧＰＣ（二四位）、インドのＯＮＧＣ（二八位）、スペインのレプソル（三六位）などの、石油・天然ガス輸入国における国策石油企業、つまり、本書で言うところのナショナル・フラッグ・オイル・カンパニーです。ナショナル・フラッグ・オイル・カンパニーとは、「自国内のエネルギー資源が国内需要に満たない国の石油・天然ガス開発企業であって、産油・産ガス国から事実上当該国を代表する石油・天然ガス開発企業として認識され、国家の資源外交と一体となって戦略的な海外石油・天然ガス権益獲得を目指す企業体をいう。（中略）組織形態としては、国営企業である場合、純粋民間企業である場合など、さまざまである」（総合資源エネルギー調査会石油分科会開発部会石油公団資産評価・整理検討小委員会『石油公団が保有する開発関連資産の処理に関する方針』、二〇〇三年三月、四頁。これは、日本政府が、公式文書のなかで初めてナショナル・フラッグ・オイル・カンパニーを明確に定義づけた文章です）。ナショナル・フラッグ・オイル・カンパニーの多くは、上流部門だけでなく、下流部門でも、大規模に事業を展開しています（下流に関するランキングにおいて、Sinopec は三位、ＣＮＰＣは五位、トタールは八位、レプソルは一八位、ＥＧＰＣは一九位を占めました）。

ここまでみましたように、石油や天然ガスをめぐる世界市場では、メジャーズ、産油国国策石油企業、非産油国・石油輸入国国策石油企業（ナショナル・フラッグ

・オイル・カンパニー）という、三つのタイプのプレイヤーが重要な役割をはたしています。これに対して、二〇一二年の実態にもとづいて作成されたＰＩＷの二〇一三年一一月の石油企業上位五〇社ランキングには、日本の石油企業がまったく登場せず、わが国には、世界トップクラスのナショナル・フラッグ・オイル・カンパニーが存在しないことを示しているのです。

なお、ＰＩＷの二〇一三年一一月の石油企業上位五〇社ランキングが伝えるいま一つの興味深い事実は、世界の主要国のなかでドイツには、石油企業ランキングの上位五〇社にはいるようなナショナル・フラッグ・オイル・カンパニーが存在しないことです。ただし、ドイツの場合には、一九九八年まで、上流部門専業の国策石油・天然ガス企業として Deminex が活動しており、Deminex は、政府資金に依存しない経済的自立を達成したうえで同年に解散したのです。これに対して、日本の石油・天然ガスの上流部門では、いまだに大半の企業が政府資金への依存から脱却しえない状況が継続しています。ナショナル・フラッグ・オイル・カンパニーが不在であることの意味合いは、ドイツにおいてより、日本においての方が、より深刻だと言えます。

第四節　歴史を見据え産業競争力の途を解く

日本石油産業の構造的弱点／上下流分断、企業の過多・過小

世界の石油企業ランキングの上位五〇社にはいるようなナショナル・フラッグ・オイル・カンパニーが存在しないのは、日本の石油産業が固有の弱点をもっているからです。その弱点としては、上流部門（開発・生産）と下流部門（精製・販売）の分断、石油企業の過多・過小、の二点をあげることができます。

まず、上流部門と下流部門の分断についてですが、ＰＩＷのランキングの上位を占める㈠メジャーズ、㈡石油・天然ガス輸出国における国策石油企業、㈢石油・天然ガス輸入国におけるナショナル・フラッグ・オイル・カンパニーのうち㈠と㈢は、石油産業の上流部門にも下流部門にも展開する垂直統合企業です。本来、上流部門に基盤をもつ㈡も、最近では下流部門への展開を強めつつあります。これらの企業は、通常時には「儲かる上流部門」で利益をあげる一方、一九九八年や二〇〇八年、二〇一四年のように原油価格が低落した場合には、製品価格の低下で需要が拡大する下流部門の収益増で上流部門の利益減を補填します。このような垂直統合によるる経営安定化のメカニズムは、上下流が分断された日本の石油業界では、作用

しないのです。

日本の石油産業をめぐる最大の不思議は、「上流部門で儲ける」という世界の石油産業の常識が通用しないことです。わが国では、探鉱・採掘という上流部門は、「リスクが大きい」、「政府の支援が必要な」分野と理解されています。しかし、欧米の大手国際石油企業、いわゆるメジャーズは、原油価格が著しく下がった例外的な時期を除いて、通常は利益の過半を上流部門から得ているのです。メジャーズが存在しない欧州石油輸入国のナショナル・フラッグ・カンパニーの場合も、上流部門は収益性の高い分野です。これに対して、日本の石油業界では、「上流部門で儲ける」という意識は、きわめて希薄なのです。

歴史的に見れば、石油産業における上下流分断の発端は、第二次世界大戦以前に日本の国内石油会社が、日本市場に進出した外国石油会社との競争で優位を確保するために、輸入した原油を国内で精製・販売することに事業の力点をおく消費地精製主義を採用したことに求めることができます。消費地精製主義は、第二次大戦の敗戦直後の時期にわが国の石油産業が、外資提携を通じて上流部分をメジャーズ系に大きく依存するようになったことによって増幅され、全面化しました。消費地精製主義の枠組みのもとで一九六二年に第二次石油業法が制定されましたが、この法律は、端的に言えば、下流部門の精製・販売業をコントロールすることによって石油の安定供給を達成しようとしたものであり、これが上下流の分断を固定化することになったのです。

問題はこの体制が、一九七〇年代の石油危機後にメジャーズ系の力が弱まった過程でも、変わらずに維持されたことにあります。第二次石油業法制定に際しては、エネルギー懇談会の席上で※脇村義太郎委員が、原油生産部門と輸送部門の重要性に着目して上下流分断につながる同法の必要性そのものを否定したことが有名です。しかし、脇村の意見は、石油業法制定時に反

表3　下流部門の事業規模の比較（1997年）

企業名	国	石油精製能力	石油製品販売量
Royal Dutch Shell	オランダ・イギリス	403万バレル／日	656万バレル／日
Exxon	アメリカ	438万バレル／日	543万バレル／日
Mobil	アメリカ	228万バレル／日	334万バレル／日
（国内全企業）	日本	532万バレル／日	419万バレル／日

出所：資源エネルギー庁資料により筆者作成。
注：Exxon と Mobil は 1999 年に合併して、Exxon Mobil が誕生した。

表4　上流部門の事業規模の比較（1997年）

企業名	国	石油生産量	天然ガス生産量
Elf	フランス	80万バレル／日	1312百万立方フィート／日
Total	フランス	53万バレル／日	1488百万立方フィート／日
Eni	イタリア	65万バレル／日	2080百万立方フィート／日
（国内全企業）	日本	68万バレル／日	1646百万立方フィート／日

出所：資源エネルギー庁資料により筆者作成。
注：Total の後身である Total Fina は 2000 年に Elf と合併して、Total Fina Elf が誕生した。その後、2003 年に Total Fina Elf は、社名を Total と改めた。

映されなかっただけでなく、石油危機後のメジャーズの後退という状況変化を受けても、政策当局や石油業界から顧みられることがなかったのです。

ＰＩＷの世界の石油企業上位五〇社ランキングに日本企業が登場しないのは、上流部門と下流部門が分断されているからだけではありません。もう一つの理由として、石油企業の過多性と過小性も指摘すべきでしょう。

表３と表４からわかりますように、一九九七年の時点で、日本における石油産業の下流部門全体の規模はメジャー一社分の規模にほぼ匹敵し、上流部門全体の規模はヨーロッパ非産油国・石油輸入国のナショナル・フラッグ・オイル・カンパニー一社分の規模にほぼ該当しました。もし、当時、日本の石油産業の上流部門と下流部門がそれぞれ一社に統合されていたのであれば、それらの企業規模は世界有数の水準に達していたことだったでしょう。しかし、現実には、上下流両部門とも、そこに事業展開する日本企業の数はきわめて多かったのです。

欧米の一社分の事業規模を、日本では約三〇社が分け合う

まず、下流部門についてみれば、一九九八年度末の時点で日本の石油精製・元売企業の数は、二九社にのぼりました。一方、上流部門についてみても、石油企業の過多性は明らかでした。日本では、石油産業の上流部門に展開する場合、石油公団

（一九六七年に発足した石油開発公団が、石油備蓄関連業務の開始にともない一九七八年に改称したもの）を通じて政府資金の投融資を受けることができましたが、石油公団投融資プロジェクトの親会社（最大民間株主である企業）とその他の石油公団出資会社との合計企業数は、一九九七年度末の時点で二八社に達しました。要するに、上下流とも、欧米の一社分に相当する事業規模を、日本では約三〇社で分け合っていたのです。これでは、日本の石油企業の規模は、過度に小さくならざるをえませんでした。世界の石油企業上位ランキングに日本の石油会社が登場しなかったのは、国内に石油資源がないからではなく、上下流に分断されているうえ、このような過多、過小の業界構造が影響したからなのです。

日本の石油産業においてこのような過多・過小の業界構造が形成され、維持されていることについては、政府の介入のあり方が大きな影響を与えたと考えられます。

まず、下流部門についてみれば、石油業法を運用するにあたって、日本政府は、精製業者の既存のシェアをあまり変動させないよう留意しました。この現状維持方針によって、競争による淘汰は封じ込められ、結果的には、護送船団的もたれ合いに近い状況が現出して、過多・過小な企業群がそのまま残存することになったのです。

護送船団的状況は、上流部門でも発生しました。石油公団の石油開発企業への投融資は、戦略的重点を明確にして選択的に行われたわけではなく、機会均等主義の原則にもとづいて遂行されました。このため、小規模な開発企業が乱立することになりました。しかも、乱立した企業が開発に成功せず、赤字を抱え込んで実質的に財務が破綻した場合にも、石油公団による投融資が資金繰りを支えたため、破綻企業の淘汰も進まなかったのです。

歴史と人物に注目しよう！

ここでみましたように、日本の石油産業の場合には、今日の体質的な弱さをもたらした要因は、直接的には第二次石油業法が制定された高度経済成長期にビルトインされたと言えます。そこで埋め込まれた問題は、その後の石油危機による環境変化への中途半端な対応によって、いっそう増幅されました。例えば、石油公団の投融資が小規模な開発企業の乱立を招いたのは、投融資対象の選定にあたって、強靭なエネルギー企業の育成という質的視点が軽視され、「ともかく一滴でも多くの日の丸原油を」という量的視点が重視されたからですが、このような傾向は、石油危機によって拍車がかかったとみなすことができます。

しかし、ここで強調したいことは、日本石油産業の構造的弱点は、より長期の歴史的文脈に深く根ざしていることです。実は、戦後の一九六二年に制定された第二次石油業法は、戦前の一九三四年に制定された第一次石油業法に酷似していました。先ほど、「上下流分断の発端は、第二次世界大戦以前に日本の国内石油会社が、（中略）外国石油会社との競争で優位を確保するために、（中略）消費地精製主義を採用したことに求めることができます。消費地精製主義は、第二次大戦の敗戦直後の時期にわが国の石油産業が、外資提携を通じて上流部分をメジャーズ系に大きく依存するようになったことによって増幅され、全面化しました」と書きましたが、そのようなことが起こりえたのは、戦前から日本ではメジャーズ系の外国石油会社の事業活動がきわめて活発であったという前提条件が存在したためです。上下流分断と密接に関連する消費地精製方式の採用にしても、それは、占領下で強制されて始まったものではけっしてなく、もともと、戦前期に国内石油会社が、生産地精製方式（石油製品輸入方式）をとるメジャーズ系外国石油会社に対抗するために講じた策でした。これらの事情を念頭におけば、歴史的文脈を正確に把握し、それをふまえて提言を行うという方法をとらない限り、日本石油産業の競争力強化の途を展望するという本書の課題を真に達成することはできません。本書が、未来への途を見出すために、あえて遠い過去から筆を起こすのは、このためです。

また、本書では、歴史の流れとともに人物の動きにも光を当てます。それは、特定の人物の行動が、日本石油産業の流れを大きく変えたと考えるからです。

本書の第一章と第二章では、日本の石油産業の歴史を振り返ります。第一章では第二次世界大戦以前の時期に、第二章では戦後期に、それぞれ目を向けます。第一章では、石油が戦略的価値を増すなかで、国内原油生産の小規模性と外国石油会社の製品市場支配とに悩まされた日本が、石油を確保するのに苦闘する様子を描きます。また、第二章では、日本石油産業が業容を拡大しながらも、体質的な弱さを深めていく模様を明らかにします。

第三章では、石油産業の流れに大きな影響を及ぼした三人の人物の動向に光を当てます。出光興産の出光佐三、アラビア石油の山下太郎、そしてイタリアのナショナル・フラッグ・オイル・カンパニーであるＥｎｉのエンリコ・マッティです。三人の行動の比較を通じて、日本とイタリアはともに石油を輸入する資源小国であり、ともに第二次世界大戦の敗戦国であるにもかかわらず、ナショナル・フラッグ・オイル・カンパニーがイタリアには存在し、日本には存在しないという対照的な状況が生じたのはなぜかを、掘り下げます。

終章では、日本の石油産業が、直面する内需の減退という苦境を打開し、さらには構造的な弱点をも克服して、国際競争力の強化につながる成長戦略を遂行するための方策を論じます。わが国におけるナショナル・フラッグ・オイル・カンパニー登場の道筋を考察する終章は、本書の結論部分に当たります。

それでは、話を始めるために、時計の針を、日本の石油産業の創成期に戻すことにしましょう。

編者注

※総合資源エネルギー調査会＝二〇〇一年一月に設置された経済産業大臣の諮問機関。中央省庁改革の一環で経産省内に設置されていた三一の審議会が再編成された。一九六一年八月に、石油輸入自由化に伴うエネルギー政策を検討するため、通商産業省（現・経済産業省）内に設置された「エネルギー懇談会」が始まり。

※常圧蒸留装置（トッパー）＝原油を大気圧より少し高い圧力で蒸留して、異なる沸点を持つ留分に分離し石油製品を製造する装置。

※自主開発油田＝政府は、エネルギー安全保障の観点から、石油開発会社や商社が、海外に自前の権益を持つことを奨励している。これが自主開発油田（ガス田）で、戦争などで資源の供給途絶にみまわれたとき、自主開発油ガス田から、原油や天然ガスを日本に持ち込む。石油備蓄とともに、日本のエネルギー安全保障の柱を担っている。

※脇村義太郎＝（一九〇〇年一二月六日‐一九九七年四月一七日）、日本の経済学者。専攻は経営史。日本学士院長、東京大学名誉教授を歴任。一九二六年に東京帝国大

学助教授になるが、一九三八年、治安維持法で労農派系の大学教授・学者グループが一斉検挙された人民戦線事件で検挙され退官。一九四五年東京大学教授に復帰し、貿易、海運、石油など戦後の産業政策を分析・研究した。著書「石油」（絶版）では石油危機を予測していた。

第一章　石油は国家なり／外油支配下での戦前の苦闘

第一節　近代日本／石油産業のはじまり

日本石油 - 成長とその限界

日本の近代的な石油産業の出発点となったのは、一八八八（明治二一）年五月に「有限責任日本石油会社」が創立されたことです。日本石油は、一九九一年四月、新潟県尼瀬（あまぜ）で、わが国最初の原油の機械掘鑿に成功しました。そして、有限責任日本石油会社は、日清戦争が始まった一八九四年一月には、「日本石油株式会社」へ商号変更したのです。

日本石油に続いて、一八九三年三月には宝田（ほうでん）石油株式会社が成立しました。宝田石油は、新潟県東山油田で、原油の機械掘鑿を開始したのです。日本石油と宝田石油は、草創期の日本石油産業におけるリーディング・カンパニーとして成長をとげました。

日本石油と宝田石油は、原油生産に力点をおく形で事業を開始したと言えます。日本石油は、創業直後に尼瀬製油所を建設しましたが、精製事業に本格的に取り組むようになったのは、一八九九年八月に柏崎製油所（当初の名称は、「第二製油所」。のちに、尼瀬製油所の廃止にともない、「柏崎製油所」と改称しました）を建設し、同時に本社を柏崎に移した時のことです。一方、宝田石油も、一八九八年五月に全越石油から製油所を買収し、同年七月には長岡で精製事業に着手しました。

ここで注目すべきは、日本石油と宝田石油が原油生産だけでなく石油精製にも力を入れ始めたころには、すでに外国石油会社が日本市場に進出し、主要な商品である灯油の販売において優位を占めていたことです。井口東輔著『現代日本産業発達史Ⅱ　石油』（交詢社、一九六三年）は、日本石油製や宝田石油製の灯油が市場で後発であった様子を、次のように記しています。

「日本石油製品が外国産灯油市場に進出しはじめたのは、明治三四（一九〇一）年東京隅田川に油槽所を開設し、ここで罐詰、荷造りを開始して以来のことであった。また、長岡製油所（一九〇〇年一二月に設立された株式会社長岡製油所は、主として、宝田石油の製品を販売していました。長岡製油所は、一九〇二年に宝田石油に合併されたのです）の販路もようやく東京、大阪に及ぶようになったといわれたが、まだ当時の製油技術、販売方法などは幼稚の域を出ず、製品の包装などもすべて外国油の古罐を買い入れて荷造りしたものであった。わが国の市場に国産原油の新罐をみるようになったのは、さらに後年、明治四一、二年ころに属する」（九〇頁）。

このように日本石油と宝田石油は、上流部門から出発して下流部門へと展開する垂直統合戦略を推進しましたが、外国石油会社に対して競争優位を確立することはできませんでした。そのことは、一九一〇年二月に成立した日本市場における灯油のカルテル協定である「四社協定」において、内地での販売シェアが、ソコニー（アメリカ系のスタンダード・オイル・オブ・ニューヨーク）四三％、ライジングサン（イギリス・オランダ系のロイヤル・ダッチ・シェルグループに属するアジアチックの日本子会社）二二％、宝田石油二一％、日本石油一四％と決定されたことに、端的に示されています。

外資に支配された戦前石油市場

日本石油は、その後一九二一（大正一〇）年一〇月に宝田石油を合併し、水平統合戦略を強化して、外国石油会社に対抗しました。水平統合戦略とは、サプライチェーン（石油産業の場合には、原油生産‐石油精製‐石油製品販売とつながるチェーン）内の特定領域で横方向に統合を進める戦略のことです。これに対してサプライチェーン内の異なる領域にわたって縦方向に統合を進めることを、垂直統合戦略と呼びます。原油生産から石油製品販売まで携わっていた日本石油は、垂直統合戦略をとっていたわけですが、これに宝田石油の合併という水平統合戦略を加えることで、外国石油会社と対抗しようとしたわけです。

このような日本石油の動きは、日本石油産業におけるナショナル・フラッグ・オイル・カンパニー創設をめざす動きとみなすことができます。しかし、日本石油は、結局、ナショナル・フラッグ・オイル・カンパニーとなることはできませんでした。一九三二（昭和七）年八月に成立した日本市場におけるガソリンのカルテル協定である「六社協定」においても、販売シェアは、ライジングサン三二%、日本石油二四%、ソコニー・ヴァキューム（ソコニーの後身）二一%、小倉（おぐら）石油一三%、三菱石油七%、その他三%と決定された事実は、そのことの表れです。（「六社協定」に参加したもう一つの会社である三井物産の販売シェアは、ソコニー・ヴァキュームの販売シェアのなかに含まれていました。このような取扱いが行われたのは、三井物産が、ソコニー・ヴァキューム製のガソリンを販売していたからです）。

日本石油は、外国石油会社に対し優位に立つことができず、日本石油産業の水平統合に関して、十分な成果をあげることができませんでした。それだけでなく同社は、一九二〇年代半ばから、外国石油会社への対抗策として、原油供給を輸入に依存する消費地精製方式を採用するようになり、垂直統合戦略も後退させたのです。このように、国内石油会社のリーディング・カンパニーであった日本石油が展開した垂直・水平統合戦略には限界があったのであり、同社のナショナル・フラッグ・オイル・カンパニーを創設するという企図は、結局のところ、実現をみなかったのです（日本石油は、一九四一年六月には、小倉石油も合併しました。しかし、この合併も、日本におけるナショナル・フラッグ・オイル・カンパニーの登場にはつながりませんでした）。

第二次世界大戦以前の日本においては、日本石油がナショナル・フラッグ・オイル・カンパニーの創設をめざしましたが、結局、それを達成することができませんでした。ナショナル・フラッグ・オイル・カンパニーが登場しえなかった最大の理由は、戦前日本の石油市場では外国石油会社が大きなシェアを占めたことに求めることができます。それでは、外国石油会社は、なぜ日本市場に進出し、どのように事業規模を拡大したのでしょうか。ここでは、戦前日本の石油市場で大きなシェアを占めた石油会社であるソコニーとその後身会社を取り上げ、その事業活動を、㈠なぜ、ソコニーとヴァキューム・オイル（以下では、ヴァキュームと略す）は、日本に直接進出したのか、㈡なぜ、ソコニーとヴァキュームは、日本市場への浸透に成功したのか、という二つの問いに絞って、具体的に検証します。

それでは、まず、第二次大戦以前の日本におけるソコニーの沿革を、その後身各社を含めて概観することにしましょう。

ヴァキューム日本支店とソコニー日本支店が相前後して開設されたのは、一八九二～九三年のことです。ヴァキュームは主として日本の機械油市場で、ソコニーは同じく灯油市場で、長期にわたって大きな販売シェアを占め続けました。

日本支店開設当時、ソコニーは、ロックフェラー（John D. Rockefeller）が率いるスタンダード・オイル・グループ（以下では適宜、スダンダードと略します）の重要な構成企業でありましたし、ヴァキュームもロックフェラーの傘下にありました。しかし、一九一一年五月のアメリカ最高裁判所判決によるスタンダードの解体によって、ソコニーとヴァキュームは、それぞれ独立企業としての道を歩むことになったのです。

この間にソコニーは、一九〇〇年一一月にインターナショナル・オイル（以下では、インターと略します）を設立し、いったんは日本での産油・精製事業に進出しました。しかし、ソコニーは、一九〇七年六月と一九一一年二月にインターの資産を日本石油に売却して、産油・精製事業から撤退し、以後、日本では、石油製品の販売活動にのみ専心することになったのです。

なぜ、ソコニー／ヴァキュームは日本市場に参入したか

まずこの項では、なぜソコニーとヴァキュームは日本に直接進出したかという、第一の問いを取り上げます。

通例、日本への直接進出については、スタンダード・オイル・グループの中で新

たにアジア向け輸出を担当するようになったソコニーが、アジア市場で台頭しつつあったロシア灯油と対抗するために、従来の委託販売方式に代えて直接販売方式を採用し、日本にも支店を開設した、と説明されています（例えば、井口前掲『現代日本産業発達史Ⅱ　石油』九二頁参照）。この説明自体は間違いではありませんが、見逃すことができない問題点が二つあります。

一つは、当然のことながら、ソコニーの日本支店開設は説明しえても、ヴァキュームの日本支店開設は説明しえないことです。ヴァキュームは、ソコニーより一足早く一八九二年には日本支店（ないし日本出張所）を開設していた可能性が強く、その際神戸に支店を設置したのは、大阪周辺の近代的紡績工場を重要な需要先としていたと言われています。つまり、ロシア灯油との競争という供給サイドの事情に促されたソコニーの日本支店開設の場合とは異なり、ヴァキュームの日本支店開設の場合には、近代的紡績業の勃興という需要サイドの事情が大きく作用したことになります。そして、主として機械油を販売するヴァキュームが支店を開設する条件は、中国よりも日本の方が整っていたと言うこともできるでしょう。

従来の説明のいま一つの問題点は、ソコニーによる一連のアジア支店開設を事実上、一括視し、同社が支店開設に当たって一定の手順をふんだことを軽視していることにあります。ソコニーは、アジア支店をいっせいに開設したわけではなく、ある手順をふんで開設しました。つまり、まず中国支店を開設し、次にインド支店と日本支店を設置したのち、その他のアジア各国に支店網を広げていくというやり方です。この支店開設順は、当時のソコニーが、アジア地域の中でどの国の市場を重視していたかを忠実に反映したものと考えられます。ヴァキュームの場合とは対照的に、ソコニーの場合には、アジア市場の中心は日本ではなく、中国であったわけです。ともかく、サミュエル商会が一八九三年に日本向けのロシア灯油のバラ積み輸送を開始したからただちにソコニーも日本支店を開設したというような、日本市場の動向のみに目を向けた狭い視野ではなく、アジア市場全体を見渡し広い視野に立たなければならないことは明らかです。

次に、なぜソコニーとヴァキュームは日本市場への浸透に成功したのかという、第二の問いについて考えてみましょう。

ヴァキュームが日本市場へ浸透した理由は、きわめて明快です。それは、同社製品の品質の優秀性という点に求めることができます。

一方、ソコニーの日本市場での成功に関しては、現存するアメリカ国務省文書の中で、二つの点が指摘されています。

一つは、一九二八年の時点でソコニー日本支店の総支配人グールド (J. C. Goold) が表明した、ソコニーは国内石油会社（内油）よりも効率的な精製設備を有しているので、製造コストが低く、運賃を加算しても強い競争力をもっている、という点です。この点は、一九〇五年の時点で国産原油から製造した灯油が輸入灯油に対する関税賦課によってかろうじて競争力を保っていたこと（このような状況は、一九〇四年の関税改正以降現出したものと考えられる）、その後国産原油の輸入原油に対する相対価格が上昇し内油の中で輸入原油精製に取り組む企業が出始めたこと、一九〇九年の関税改正以降一九二六年の関税改正までは原油輸入関税と石油製品輸入関税とのあいだの格差は基本的には存在しなかったこと、などの諸点を考え合せれば、少なくとも一九二六年までは妥当性をもっていたと言うことができましょう。

いま一つは、一九三三年の時点で駐日アメリカ大使のグルー（Joseph C. Grew）が指摘した、一九三一年まではソコニーのもつ強力な配給システムが内油各社に対する優位の根拠となっていた、という点です。ソコニーは、日露戦後期から第一次世界大戦にかけての時期に、日本全国に油槽所網を張りめぐらしました。なかでも一九〇九年は、油槽所網形成の重大な画期となりました。ソコニーは、日本国内において強力な配給システムを、日露戦後期から第一次大戦にかけての時期に築きあげたと言うことができます。

第二節　戦時統制の要・石油業法巡る外油と政府の攻防

第一次石油業法の制定

イギリス・オランダ系のライジングサンおよびアメリカ系のスタンヴァック（スタンダード・ヴァキューム・オイル・カンパニー。ソコニーの後身）という石油会社二社は、早い時期に日本へ直接進出し長期にわたって事業活動を展開した代表的な外国企業です。例えば、太平洋戦争前夜の一九四一年時点での資産額についてみると、当時日本に存在した外資比率五〇％以上の外資系企業全体のなかで、第一位を占めたのはライジングサンであり、第二位に続いたのはスタンヴァックでした。

代表的な外国会社として活動したライジングサンとスタンヴァックの二社の事業活動にとって、日本政府の石油政策は、しばしば大きな影響を及ぼしました。その影響が本格化したのは、一九三四（昭和九）年の石油業法（一九六二年の「第二次石油業法」との対比で、「第一次石油業法」と呼ばれることもあります）が制定されてからのことです。ここでは、主として第一次石油業法の施行過程に注目し、ライジングサン・スタンヴァック両社と日本政府との関係について掘り下げます。

第一次石油業法の元になった法案は、一九三四年三月三日に衆議院に提出されました。同法案は、衆議院と貴族院の両院で付帯決議が付されたものの、同年三月二六日に原案どおり成立しました。一九三四年三月二八日に公布された石油業法（施行期日は当時未定であった）の罰則規定（第一一～一七条）と付則を除く全文は、次のとおりです。

資料 石油業法（一九三四年三月二八日法律第 26 号）

第一条　石油精製業又ハ石油輸入業ヲ営マントスル者ハ政府ノ許可ヲ受クベシ。
　前項ノ石油精製業及石油輸入業ノ範囲並ニ許可ニ関シ必要ナル事項ハ勅令ヲ以テ之ヲ定ム。
第二条　石油精製業者又ハ石油輸入業者ハ命令ノ定ムル所ニ依リ事業計画ヲ定メ政府ノ認可ヲ受クベシ。之ヲ変更セントスルトキ亦同ジ。
第三条　石油精製業者又ハ石油輸入業者其ノ事業ノ全部又ハ一部ヲ譲渡シ、廃止シ又ハ休止セントスルトキハ命令ノ定ムル所ニ依リ政府ノ許可ヲ受クベシ。石油精製業又ハ石油輸入業ヲ営ム会社合併ヲ為シ又ハ解散セントスルトキ亦同ジ。
第四条　石油ノ輸入ハ石油精製業者ガ其ノ精製ニ必要ナル石油ヲ輸入スル場合ヲ除クノ外石油輸入業者ニ非ラザレバ之ヲ為スコトヲ得ズ。但シ勅令ニ別段ノ規定アルトキハ此ノ限ニ在ラズ。
　前項ノ石油ノ種類ハ勅令ヲ以テ之ヲ定ム。
第五条　石油精製業者又ハ石油輸入業者ハ勅令ノ定ムル所ニ依リ其ノ者ノ輸入数量ヲ標準トシテ算定シタル数量ノ石油ヲ常時保有スベシ。
第六条　石油精製業者又ハ石油輸入業者ハ其ノ所有スル石油ヲ政府ガ命令ノ定ムル所ニ依リ時価ヲ標準トシテ購入セントスルトキハ之ヲ拒ムコトヲ得ズ。
第七条　政府ハ公益上必要アリト認ムルトキハ石油精製業者又ハ石油輸入業者ニ対シ石油ノ販売価格ノ変更、石油供給量ノ確保其ノ他石油ノ需給ヲ調節スル為必要ナル事項ヲ命ズルコトヲ得。
　政府ハ公益上必要アリト認ムルトキハ石油精製業者又ハ石油輸入業者ニ対シ其ノ設備ノ拡張又ハ改良ヲ命ズルコトヲ得。
第八条　政府ハ第一条ノ許可又ハ命令ヲ為サントスルトキハ勅令ニ別段ノ規定アル場合ヲ除クノ外石油業委員会ノ議ヲ経ベシ。石油業委員会ノ組織ハ勅令ヲ以テ之ヲ定ム。
第九条　石油精製業者又ハ石油輸入業者本法若クハ本法ニ基キテ発スル命令ニ違反シ、又ハ政府ノ命ジタル事項ヲ執行セザルトキハ政府ハ第一条ノ許可ヲ取消シ又ハ法人ノ役員ノ解任ヲ為スコトヲ得。
第十条　行政官庁ハ石油精製業者又ハ石油輸入業者ニ対シ其ノ業務ノ状況ニ関シ報告ヲ為サシメ、其ノ他監督上必要ナル命令ヲ発シ又ハ処分ヲ為スコトヲ得。行政官庁監督上必要アリト認ムルトキハ当該官吏ヲシテ石油精製業者又ハ石油輸入業者ノ事務所、営業所、工場、貯油所其ノ他ノ場所ニ臨検シ業務ノ状況又ハ帳簿書類其ノ他ノ物件ヲ検査セシムルコトヲ得。此ノ場合ニ於テハ其ノ身分ヲ示ス証票ヲ携帯セシム。
第十一条～第十七条および付則……省略。

出所：武田晴人「資料研究―燃料局石油行政前史」（産業政策史研究所『産業政策史研究資料』、1979 年）224 － 225 頁。
注：旧字体を新字体に改めた。

かなり複雑なライジングサンとスタンヴァックの沿革

ライジングサンは、輸入業者であるサミュエル商会の石油部門が独立したものであり、一九〇〇（明治三三）年に日本法人として設立されました。設立後まもなく、一九〇三年に誕生したアジアチック・ペトロリアム（以下では、アジアチックと略します）の傘下にはいり、イギリス・オランダ系のロイヤル・ダッチ・シェル・グループに所属することになりました。日本で石油業法が制定された年の前年にあたる一九三三年の時点で、ライジングサンは、当時の日本において灯油に代り主要な石油製品となっていたガソリンの販売に関して、業界トップの三二％のシェアを占めていたのです。

一方、スタンヴァックは、同じ一九三三年に、日本のガソリン市場で業界第三位の地位にあり、その販売シェアは二一％でした。スタンヴァック日本支社の前身であるソコニー（スタンダード・オイル・カンパニー・オブ・ニューヨーク）日本支店とヴァキューム（ヴァキューム・オイル）日本支店が相前後して開設されたのは、すでに述べましたように一八九二〜九三年のことであり、その後、ソコニーは主として日本の灯油市場で、ヴァキュームは同じく潤滑油市場で、長期にわたって大きな販売シェアを占め続けました。一九三一年七月にアメリカ本国でソコニーとヴァキュームが合併しソコニー・ヴァキューム・コーポレーション）が成立したことを受けて、一九三二年八月にはソコニー・ヴァキューム日本支社（ソコニー日本支店とヴァキューム日本支店が合体したもの）が新発足しましたが、同支社は、さらに翌一九三三年九月にスタンヴァック日本支社へ改組されました。これは、一九三三年九月にソコニー・ヴァキュームとニュージャージー・スタンダード（スタンダード・オイル・カンパニー・オブ・ニュージャージー）が折半出資でスタンヴァックを設立し、主としてスエズ以東の前者の海外販売機構と後者の海外生産施設とを統合したことの結果でした。

ライジングサンとスタンヴァック日本支社は、太平洋戦争の開戦にともない、一九四一年一二月に事業活動の停止を余儀無くされたのですが、終戦から四年弱を経た一九四九年四月に活動を再開しました。日本での活動再開にあたりいずれも元売会社（一九四九年四月から、同年三月末に解散した石油配給公団に代って、政府により指定された民間の元売会社が、石油配給業務を遂行することになりました）に指定されたシェル石油（ライジングサンが一九四八年一〇月に改称したもの）とスタンヴァックは、二四％という同率の石油製品元売割当を受けたのです。

これと前後して、スタンヴァックは一九四九年二月に東亜燃料工業と、シェル石油は一九五一年六月に昭和石油と、それぞれ資本提携契約を締結しました。その後、シェル石油は、一九八五年一月に昭和石油と合併し、新たに昭和シェル石油が発足したのです。

一方、スタンヴァックの一方の親会社であるニュージャージー・スタンダードは、一九六〇年一一月に、一九五三年以来アメリカで審理中であった独禁法違反訴訟において、スタンヴァックの事実上の解体という内容を含む同意判決を受諾しました。これが契機となってスタンヴァックの解体が進むなかで、一九六一年一二月には、ニュージャージー・スタンダード系のエッソ・スタンダード石油とソコニー・モービル（ソコニー・ヴァキュームが一九五五年四月に改称したもの）系のモービル石油が、いずれも日本法人として設立されることになりました。そして、翌一九六二年三月にスタンヴァックの日本支社の清算事務は完了し、同社の資産および事業は、エッソ・スタンダード石油とモービル石油の二社に分割して継承されることになったのです。なお、スタンヴァックが所有していた東亜燃料工業の株式は、ニュージャージー・スタンダードの子会社エッソ・イースタンとソコニー・モービルの子会社モービル・ペトロリアムに、均等分割されました。

その後、東燃（東亜燃料工業が一九八九年七月に改称したもの）は、二〇〇〇年七月にゼネラル石油と合併し、東燃ゼネラル石油が発足しました。また、二〇〇二年六月には、エッソ石油（エッソ・スタンダード石油が一九八二年三月に改称したもの）とモービル石油が、アメリカで一九九九年一一月に誕生したエクソンモービルに統合されました。さらに、東燃ゼネラル石油は、二〇一二年六月にエクソンモービルから自社の株式の一部を購入し、独立色を強めることになったのです。

かなり複雑なライジングサンとスタンヴァックの沿革は、このようなものでした。

静観と対立、高等戦術で石油業法を切り抜けた外資

話を第一次石油業法の制定時にもどしますと、ライジングサンは、一九三四年二月二二日、親会社のアジアチックにあてたロンドン向け電報のなかで、石油業法の法案の内容を詳しく報告しました。ライジングサンが伝えたのは、㈠石油精製業および石油輸入業への許可制の導入、㈡前年輸入実績の六ヵ月分に相当する貯油の義務づけ、㈢石油販売価格や石油関連設備の新増設に関する政府規制の明確化、㈣石油精製業および石油輸入業に対する政府の調査命令権の確立、㈤勅令による石油業委員会の設置、㈥既存の石油精製業者および石油輸入業者の認可、㈦罰則の導入、などの諸点でした。

やや意外なことに、ライジングサンは、第一次石油業法に関して、実際の運用のされ方が問題であるとして、同法の制定そのものには反対しない方針をとりました。

例えば、一九三四年二月二六日にライジングサンの代表が商工次官と会談した際にも、同社代表はそのような態度で臨んだのです。日本における本格的なものとしては最初の排外的な産業政策である石油業法は、当時最大の在日外国企業の表立った反対を受けないままに、制定されることになりました。

ここで問題となるのは、一九三四年の日本の石油業法（第一次石油業法）が排外的な性格をもっていたにもかかわらず、ロイヤル・ダッチ・シェルとライジングサンが、その制定過程で抵抗らしい抵抗を示さなかったのはなぜか、という点です。ロイヤル・ダッチ・シェルとライジングサンが石油業法の制定に抵抗しなかったのは、同法が松方日ソ石油の動きを封じ込める業界安定機能をはたすことを期待したからでした。一九三二年終りから一九三四年初めにかけての時期にロイヤル・ダッチ・シェルが日本で直面した最大の問題は、ソ連製石油製品を輸入し日本のガソリン市場に新規参入して、大きな撹乱要因となっていた松方日ソ石油の廉価販売攻勢に対していかに対応するかということにありました。ロイヤル・ダッチ・シェルとライジングサンは、石油業法が将来の事業活動にとっての重大な脅威となりうるという中長期的な問題ではなく、同法が松方日ソ石油の行動を抑え込むかもしれないという目先の問題に、目を奪われたのです。

このような第一次石油業法の制定過程におけるライジングサンの対応についての

結論は、同法の制定過程におけるスタンヴァックの対応を検証した筆者の別稿（橘川武郎『戦前日本の石油攻防戦　一九三四年石油業法と外国石油会社』ミネルヴァ書房、二〇一二年）の結論と、ほぼ同一です。当時の日本で活動していた代表的な外国石油会社であるライジングサンとスタンヴァックは、いずれも、排外的だという意味で不公正な側面をもつ石油業法の制定に対して、抵抗しませんでした。そして、それは、両社が新興勢力である松方日ソ石油を抑え込むという目先の課題に追われて、中長期的展望を失ったこととの帰結でありました。

同様のプロセスは、第二次世界大戦後の日本で新たに制定された一九六二年の石油業法（第二次石油業法）の場合にも見受けられました。ここでも、日本で活動中の外資系石油会社の相当部分は、民族系石油会社育成の意味をもつ第二次石油業法に対して、賛成派ないし条件つき賛成派にまわったのです。その際の彼らの意図は、同法によって、新興勢力の出光興産を封じ込めることにありました。

このように、一九三四年の場合にも一九六二年の場合にも、日本で活動していた外資系石油会社は、排外的だという意味で不公正な側面をもつ石油業法の制定に対して、抵抗しませんでした。いずれの場合にも彼らは、新興勢力への対応という短期的視点にとらわれて、中長期的展望をもちえなかったのです。

この事実は、興味深い一つの仮説を浮かび上がらせます。それは、日本は経済発展面で後進地域のアジアのなかでは先進性を示す「中進国」だったのであり、対後進国戦略としてのアジア戦略しかもちあわせない外国石油会社は日本市場の動向に的確に対応しえなかった、という仮説です。消費地精製方式の重視を打ち出した一九三四年の第一次石油業法にしろ、民族系石油会社の育成をねらった一九六二年の第二次石油業法にしろ、「中進国」に適合的な産業政策だと概括することができます。そうであるとすれば、ここで検討したケースは、右記の仮説をさらに裏づける一つの証左とみなすことができるでしょう。

第一次石油業法は、一九三四年三月二八日に公布され、同年七月一日に施行されました。同法は、㈠石油の精製業と輸入業は政府の許可制とし、政府はそれぞれに対して製品販売数量の割当を行う、㈡石油の精製業者と輸入業者に一定量の石油保有義務を課する、㈢政府は、必要な場合に石油の需給を調節したり価格を変更したりする権限をもつ、などの諸点を主要な内容としていました。

すでに述べたように、第一次石油業法の制定過程においては、ライジングサンとスタンヴァックは、積極的に抵抗する姿勢を示しませんでした。このため、同法をめぐって、日本政府と外国石油会社（外油）が深刻な交渉を行うこともなかったのです。これは、ライジングサンとスタンヴァックの外油二社が、一九三三年九月の松方日ソ石油の参入を契機とする激烈なガソリン販売競争を収束させるためには、石油業法が一面でもつ業界安定機能に期待した方が得策だと判断したことによるものでした。

ところが、一九三四年六〜八月の時期になると、六月二二日の「七社協定」(この協定に参加したのは、ライジングサン、スタンヴァック、日本石油、小倉石油、三菱石油、三井物産、松方日ソ石油、の七社でした)によって激烈なガソリン販売競争に終止符が打たれる一方で、㈠石油製品販売数量割当が国内精製業者に有利で、製品輸入業者にとって不利なものであること(ライジングサンとスタンヴァックは、いずれも、日本国内で石油精製を行わない製品輸入業者でした)、㈡石油保有義務(貯油義務)が石油会社に膨大な負担を強いること、などの石油業法の問題点が明確化するにいたりました。㈠についてみれば、石油業法にもとづき八月二〇日に発表された一九三四年下期分のガソリン販売数量割当において、新規需要増加分はすべて国内精製業者に配分され、ライジングサンとスタンヴァックが大宗を占める製品輸入業者には全く配分されませんでした(とくにスタンヴァックの場合には、商工省の事務上のミスも重なって、実績値を若干下回る販売数量の割当をおしつけられました。なお、ライジングサンとスタンヴァックのほか松方日ソ石油も製品輸入業者に含まれていましたが、松方日ソ石油に対する製品販売数量割当は、もともと僅少でした)。㈡に関して言えば、石油業法の施行を決定した六月二二日の閣議で、日本政府は、直前一二ヵ月間の石油輸入数量を基準にして、三ヵ月分を一九三五年四月一日までに、六ヵ月分を一九三五年一〇月一日までに保有することを義務づけることにしたのです（外油二社の場合には、営業上必要な通常の貯油量は約二ヵ月分でした）。

第三節　石油禁輸の外圧を巧みに操った日本の交渉術

「五点メモランダム」巡るライジングサン／スタンヴァックとの交渉

第一次石油業法の問題点が明確化したことを反映して、一九三四年七月以降の同法の施行過程においては、制定過程とは対照的に、外油二社の抵抗が活発化しました。このため、日本政府との間に頻繁に交渉がもたれましたが、その経過は以下の五つの時期に区分することができます。

第一期：一九三四年七月～一九三四年一一月

第一期は、石油業法施行の一九三四年七月から同年一一月までです。この時期には、同法をめぐる日本政府と外油二社との対立が顕在化しました。

それを端的に示したのは、石油業法が定めた一年ごとの事業許可の判断材料となる一九三五年分の事業計画書について、ライジングサンとスタンヴァックが販売計画を提出したのみで、貯油義務遂行に直結する輸入計画や貯油計画を提出しなかったことです。外油二社は、当初設定されていた一九三四年九月三〇日の提出期限だけでなく、再度設定された一一月一五日の提出期限をも無視しました。このように、第一期は、日本政府・外国石油会社間の対立が一挙に強まった時期でした。

第二期：一九三四年一一月～一九三五年四月

第二期は、一九三四年一一月から一九三五年四月までです。一九三五年分の事業計画書の提出をめぐる政府・外油問の対立を解くため、一九三四年一一月二〇日に、吉野信次商工次官、来栖三郎外務省通商局長、ライジングサンのイーリ (T. G. Ely)、スタンヴァック日本支社のグールド (J. C. Goold) の四者会談が開かれました。席上、吉野は、当面の妥協案として、「将来の条件変化次第で内容変更もありうる」旨の添書きをつけて、一九三五年分事業計画書を完全な形で提出することを提案しました。

外油二社は、吉野の提案を受け入れ、一九三四年一一月三〇日に、輸入計画や貯油計画を含む一九三五年分事業計画書を、上記の添書きつきで提出しました。それから約一ヵ月後の一九三四年一二月二九日に発表された一九三五年分の石油製品販売数量割当においては、前年下期分の割当の場合とは異なり、ガソリンの新規需要増加分の三〇％がライジングサン、スタンヴァックらの製品輸入業者に配分されたのです。

日本政府と外国石油会社との間の緊張がやや緩和したことを受けて、一九三五年一月には、ライジングサンの親会社に当たるロイヤル・ダッチ・シェルの幹部のゴドバー（F. Godber）、スタンヴァック本社会長のウォルデン（George S. Walden）、同社社長のパーカー（Philo W. Parker）の三名が来日し、吉野および来栖と、石油業法の運用に関して、集中的な交渉を開始しました。交渉は、途中一ヵ月余の休止期間をはさみながら一九三五年一月九日から四月一三日にかけて行われ、会談の回数は一七回に及びました。交渉は難航しましたが、それでも四月一三日の最終会談の場で、吉野、来栖と外国石油会社とのあいだに、「五点メモランダム」と呼ばれる一応の合意が成立したのです。

この「五点メモランダム」は、㈠今後の石油製品販売数量割当においては、ガソリンの需要増加分の三分の一以上を製品輸入業者に配分するようにする、㈡貯油義務は種々の保有形態を含めて三ヵ月分とし、一九三五年一〇月一日までに日本政府内部での調整を終える（調整完了まで、外油二社は、貯油義務遂行のための負担を強いられることはない）などを中心的な内容としていました。このように、第二期には、日本政府・外国石油会社間の対立は解消に向かい、両者の間には一応の妥協が成立したのです。

第三期：一九三五年四月～一九三五年一二月

第三期は、一九三五年四月から同年一二月までです。吉野と来栖は、「五点メモランダム」の線に沿って日本政府内部の調整を進めることに、成功しませんでした。焦点は貯油義務の分量を三ヵ月分に減らすことでしたが、結局、日本政府は、㈠貯油義務の最終達成期限を、一九三五年一〇月一日から一九三六年七月一日へ九ヵ月間延期する、㈡貯油義務遂行による石油会社の負担増を軽減させるため、ガソリン価格の引上げを認める（一九三五年一一月一日にガロン当り二・五銭の値上げが実施されました）、㈢上記㈡と同じ理由で、貯油義務遂行に対して補助金を支給する（一九三六年七月一三日に制定された石油保有補助金交付規則にもとづき、一九三六年四月一日にさかのぼって支給されました）の三つの措置を講じつつも、六ヵ月分の貯油義務を堅持することを決めたのです。

これに対して、ライジングサンとスタンヴァックは、㈡の値上げ幅や㈢の補助金の規模が貯油義務遂行にともなう負担増に見合うものではなかったこともあって、猛反対を示しました。外油二社の反発に火に油を注ぐ恰好となったのは、国内精製業者をいっそう有利にし、製品輸入業者をいっそう不利にする石油関税改正案が、一九三五年一一月に表面化したことです（この関税改正は、一九三六年六月一日に実施されました）。

一九三五年の秋から、「五点メモランダム」への復帰を求める外油二社と、それを拒否する日本政府との間に激しい応酬が続きましたが、最終的には、一九三五年一二月二三日に商工省鉱山局長の小島新一が「五点メモランダム」の有効性そのものを否定したため、同メモランダムは交渉の基礎としての意味を失うことになりました。このように、第三期は、日本政府・外国石油会社間にいったん成立した「合意」が崩壊し、両者間の対立が再び強まった時期でした。

第四期：一九三五年一二月〜一九三六年一一月

第四期は、一九三五年一二月から一九三六年一一月までです。この時期には、六カ月分の貯油義務を基本的に達成した内油（国内石油会社。なお、三菱とアメリカのアソシエーテッド・オイル・カンパニーとが折半出資で設立した三菱石油は、当時の日本では国内石油会社として取り扱われていました。したがって、本書でも、三菱石油を内油の一員とみなします）各社と、貯油義務の遂行を拒否した外油二社

（ライジングサンとスタンヴァック）との対照が明瞭になりました。

一九三六年分の石油製品販売数量の割当は四半期ごとに行われましたが、そのたびごとに貯油義務不履行者＝違法者である外油二社は、既得の割当量の一部を、貯油義務履行者＝順法者である内油各社に奪われる脅威にさらされたのです。石油製品販売数量割当に関して、従来は需要増加分の獲得をめざしていたライジングサンとスタンヴァックは、一九三六年分以降、既得の割当量の確保に重点をおく、より防御的な方針に転じるようになりました。

結果的には、ライジングサンとスタンヴァックは、一九三六年分の石油製品販売数量割当において、需要増加分の配分を受けることはなかったものの、既得の割当量を基本的に確保することができました（厳密には、一九三六年分の石油製品販売数量割当において、外油二社の灯油と機械油の割当量は、一九三五年分と比べて若干減少しました。しかし、販売規模がはるかに大きいガソリンと重油については、外油二社の割当量は、一九三五年分と同一でした）。

これは、外油二社が、三井物産と共同出資で日本国内に石油保有会社を新設し、新会社に外油二社分の貯油義務を代行させるという妥協案を打ち出したためでした。この妥協案は、一九三五年一一月ごろからスタンヴァックの内部で取り沙汰されていましたが、それが本格的に検討されるようになったのは、一九三五年一二月のアメリカ大使館員や外油二社代表との会談において、来栖が日本資本との提携を推奨してからのことです。

日本政府内部の外国石油会社との妥協をめざす動きの中心的担い手であった来栖は、一九三六年四月にベルギー駐在特命全権大使に転任したため外務省通商局長を退任し、石油業法施行をめぐる交渉の場から離れました。来栖の役割は吉野が引き継ぐことになりましたが、その吉野も一九三六年一〇月七日に商工次官を退任し、交渉の当事者ではなくなったのです（その後吉野は、一九三七年六月四日に商工大臣に就任しましたが、その時にはすでに、石油業法をめぐる日本政府・外国石油会社間の対立は曖昧化していました）。

ただし、吉野は、次官退任直前の九月一九日のライジングサン、スタンヴァック、および三井物産の各代表との会談において、外油二社が満足する内容の将来保証を口頭で与えたのです。このように、第四期は、日本政府と外国石油会社とが、引き続き対立しながらも、再度の妥協成立をめざした時期でした。反面、この時期には、日本政府内部の妥協をめざす動きの担い手であった来栖と吉野が、あいついで交渉の舞台から去って行きました。

最後は問題が曖昧化　対立から解消へ

第五期：一九三六年一一月以降

第五期は、一九三六年一一月以降です。一九三六年一一月から一九三七年一月にかけての時期に、ライジングサンとスタンヴァックは、一時的に日本政府に対する反発を強めました。これは、㈠一九三六年一一月二一日に商工省鉱山局が、吉野が同年の九月に外油二社に与えた将来保証を文書で確認することを拒否したこと、㈡一九三六年一二月に行われた一九三六年下期分の灯油販売数量割当の修正によって、前年と比べて、国内精製業者の割当量が増加し、製品輸入業者（外油二社。ライジングサンとスタンヴァック以外の製品輸入業者である松方日ソ石油は、灯油の販売数量割当を受けていませんでした）の割当量が減少する結果となったこと、㈢一九三六年一二月に、原油輸入精製方式の石油製品輸入方式に比しての有利性をいっそう強める新たな石油関税改正案が、表面化したこと（この関税改正は、一九三七年八月一一日に実施された）、㈣一九三七年一月に発表された※朝鮮についての一九三七年上期分の石油製品販売数量割当において、ライジングサンとスタンヴァックの割当量が大幅に削減されたこと（この割当削減は、朝鮮石油の増産と人造石油の製造開始を見込んだことによるものでした。したがって、ライジングサンやスタンヴァックのみならず、内油各社の割当量も削減されました）などによるものでした。

しかし、長期的にみれば、この時期には、石油業法の施行をめぐる日本政府・外国石油会社間の対立は、深まるよりもむしろ解消する方向に向かったと言えます。それは、㈠一九三六年一一月以降、商工省鉱山局が、従来とは異なり、ライジングサンとスタンヴァックに対して貯油義務の達成を督促しなくなったこと（そのため、石油保有会社の新設をめざす外油二社・三井物産間の提携交渉は、一九三六年一一月ごろから進展しなくなり、やがて立消えとなりました）、㈡一九三六年一二月下旬に発表された一九三七年分の石油製品販売数量割当において、外油二社は、既得の割当量を確保したこと、㈢一九三七年一月一五日に日本の外務省が、商工省に代って、かつて吉野が外油二社に与えた将来保証を文書で確認したこと、㈣その際、外務省が、一九三六年分の灯油販売数量割当における内外油の取扱いの相違について、国産原油の増産にともなう例外的措置であることを明らかにしたこと、などから確認することができます。最後までもめた朝鮮の石油製品販売数量割当に関する問題も、一九三七年五月二九日に外務省が外油二社を満足させる回答を与えた（回答の内容は、資料の制約上明らかではありませんが、外油二社に既存の販売量を保証したものと思われます）ため、解決をみました。このように、第五期には、一九三四年七月の石油業法施行以来続いた日本政府・外国石油会社間の対立が曖昧化したのです。

ライジングサンとスタンヴァックは、石油業法にもとづく製品販売数量割当において、一九三五年分を除けば新規需要増加分の配分をほとんど受けることができなかったため、日本市場での販売シェアの低下を余儀無くされました。一方、日本政府は、石油業法にもとづく六ヵ月分の貯油義務を、外油二社に遵守させることがついにできませんでした。しかし、反面、外油二社は、貯油義務不履行のまま、既得の販売量を維持して日本での営業を継続することができました。また、日本政府も、原油輸入精製の比重の増大という政策課題を、徐々に実現することができたのです。第五期には、両者はあえて対立することを避け、現状を黙認するようになりました。

そして、一九三七年五月二九日の外務省・外油二社代表間の会談を最後に、石油業法問題をめぐる日本政府と外国石油会社とのあいだの交渉は、ほとんど行われなくなりました。この点での唯一の例外は、一九三七年八月一九日に行われた竹内可吉燃料局長官と駐日イギリス大使館員との会談でした。しかし、この会談は、さして重要な意味をもちませんでした。

相反する課題を同時達成した理由

一九三四年の夏に始まった石油業法の施行過程における日本政府と外国石油会社との間の交渉は、対決色が強まった局面（第一期と第三期）と妥協色が強まった局面（第二期と第四期）を交互に繰り返しながら、一九三七年五月まで続きました。外国石油会社との交渉において主要な役割をはたしたのは、対決色が強まった局面では商工省鉱山局であり、妥協色が強まった局面では吉野信次商工次官と来栖三郎外務省通商局長でした。日本政府の内部には、外油に対する姿勢の点で、商工省鉱山局に代表される強硬派と、吉野や来栖に代表される柔軟派の、二つのグループが存在したことになります。

ここで問題となるのは、二つのグループの併存は、意図されたものであったか否かという点です。これは、換言すれば、両グループは、日本政府としてのなんらかの統一的企図にもとづいて活動したのか否かという問題になります。

この問いに対して確実な答えを提示することは資料上の制約もあって困難ですが、筆者は、いまのところ、肯定的な回答を与えうると考えています。その根拠は、㈠国際連盟脱退やワシントン・ロンドン両条約破棄を受けて、当時の日本政府の内部には、対外関係の不安定化を危惧する「一九三五～三六年危機」説が広く浸透していたこと、㈡このような状況の下で日本政府は、石油産業に関して、（A）対外依存度を低下させるためにも国内精製業を育成することと、（B）戦略物資である石油の絶対量を確保するために一定規模の製品輸入業を継続させること（端的に言えば、（A）の措置に反発して外油二社が日本から撤退することを阻止すること）という、ある意味では矛盾する二つの課題を同時に追求したこと、㈢この二つの課題のうち、商工省鉱山局は（A）に携わり、吉野と来栖は（B）を担当したととらえることができ、両グループの間には一種の任務分担が存在したとみなしうること、の諸点にあります。

一九三六年一一月以降石油業法の施行をめぐる諸問題が曖昧化したのは、（A）と（B）とを同時に達成するシステム、つまり、ライジングサンとスタンヴァックを貯油義務不履行＝違法状態のまま放置することによって、貯油義務履行者＝順法者である国内精製業者に与える石油製品販売数量割当のシェアを徐々に拡大するとともに、外油二社に従来と同一規模の石油製品輸入販売を継続させるシステム、がビルトインされたからでした。また、一九三七年に入って、商工省鉱山局ないし燃料局が外油二社に対して不干渉の方針をとった背景には、「一九三五〜三六年危機」をひとまず乗り切ったという認識も存在したからでしょう。例えば、駐日アメリカ臨時代理大使のネヴィル（Edwin L. Neville）は、日本政府が、「一九三五〜三六年危機」が現実化しないことを認識すれば、石油業法の運用に関して、外国石油会社に対する姿勢を和らげるかもしれないという見通しを、一九三五年九月の時点でアメリカ本国の国務長官宛に伝えていました。

日本政府が一九三四〜三七年に、商工省鉱山局と吉野・来栖という二つのチームを使って、前記の（A）と（B）という相反する二課題の同時達成に腐心したのは、そのころまでに、石油は国家の存在の根幹にかかわる戦略物資であるという認識をもつに至っていたからです。一例をあげれば、ライジングサンとスタンヴァックは、旧日本海軍向けの重油の重要な供給者でもありました。一九三三年の日本市場におけるライジングサンの重油販売シェアは三一％、スタンヴァックの重油販売シェアは一二％だった（旧日本海軍向けの重油販売量を含む）のです。まさに、「石油は国家なり」と言う認識を、日本政府はもたざるをえなかったのです。

日本政府は（A）と（B）の二課題を同時に達成することに成功したと言うことができますが、最後に、これを可能にした一つの重要な条件について触れておきましょう。それは、日本政府が、場合によっては※対日原油禁輸策に訴えてでも日本向け石油製品輸出の既得権を守ろうとするライジングサンやスタンヴァックと、あくまで日本向け原油輸出を継続、拡張しようとするカリフォルニア系石油会社（ソーカル「スタンダード・オイル・カンパニー・オブ・カリフォルニア」、アソシエーテッド、ユニオン・オイルなど）との矛盾を、利用しえたということです。

スタンヴァックとアジアチック・ペトロリアム（ライジングサンの親会社）は、テキサコ（テキサス・コーポレーション）とともに、※満州における石油統制の進展に抗議して、一九三四年八月三一日に満州石油株式会社向けの原油の入札に参加しないことを決定しました。しかし、この三社による対満州原油禁輸策は、ソーカルとユニオンがスタンヴァックなどに代って満州石油向けに原油供給を開始したため、短期間で効力を失ってしまいました。

また、一九三四年八月から一二月にかけて、スタンヴァックやライジングサンの親会社諸社は、日本での石油業法の施行に反発して、アメリカ・イギリス両国政府に対日原油禁輸策をとるよう迫りました。しかし、この要求も、カリフォルニア系石油会社の利害などを考慮に入れたアメリカ政府の消極的姿勢によって、結局は却下されたのです。

ライジングサンやスタンヴァック（ないし両社の親会社）がめざした対日原油禁輸が実現していたならば、原油輸入に多くを依存する国内精製業が大きな打撃を受けたことは間違いありません。一九三四年に日本国内で精製した原油のうち八二％は輸入したものであり、当時、日本の輸入原油のうち約七〇％はアメリカで買い付けたものでした。

その意味でライジングサンやスタンヴァックとカリフォルニア系石油会社とのあ

いだの矛盾を利用しえたことは、日本政府が特に（A）の課題を達成するうえで、重要な意味をもったのです。このような条件の存在なくしては、（B）の課題とともに（A）の課題を追求するという、日本政府の企図それ自体が発生することはなかったでしょう。

編者注

※朝鮮＝一九一〇年八月二九日、韓国併合ニ関スル条約に基づいて日本は大韓帝国を併合、朝鮮半島は一九四五年まで日本の植民地支配下にあった

※対日原油禁輸＝その後、日本は南部仏印に進駐。これを受け、一九四一年八月一日、アメリカ大統領のフランクリン・ルーズベルトは日本に対し石油禁輸強化を発令。太平洋戦争の引き金にもなった。

※満州＝現在の中国東北地方を指す。一九三一年に日本は満州事変を契機に満州全域を占領。翌一九三二年に、清朝最後の皇帝であった愛新覚羅溥儀を元首に満州国を建国した。

第二章　巨大化しかし脆弱化／戦後日本石油産業の光と影

第一節　ＧＨＱが決めた石油政策／占領から高度成長へ

戦後的枠組みの形成

この章では、第二次世界大戦後の日本における石油産業の動向に、目を向けます。その際、戦前期を取り扱った前章と同様に、㈠外国石油会社と国内石油会社との対抗、㈡石油政策が石油産業の競争力に及ぼした影響、の二点に叙述の重きを置きます。

このうち㈠の点に関連して言えば、ナショナル・フラッグ・オイル・カンパニーが存在しないという日本石油産業の構造的な脆弱性は、第二次大戦後の時期にも継承され、さらには構造化されることになりました。脆弱性のポイントの一つは上流部門と下流部門の分断にありましたが、本書の序章で述べたように、「上下流分断の発端は、第二次世界大戦以前に日本の国内石油会社が、外国石油会社との競争で優位を確保するために、消費地精製主義を採用したこと」に求めることができます。

その消費地精製主義は、「第二次大戦の敗戦直後の時期にわが国の石油産業が、外資提携を通じて上流部分をメジャーズ系に大きく依存するようになったことによって増幅され、全面化」しました。ここでは、上下流分断を全面化させることになった外資提携と消費地精製主義とに象徴される日本石油産業の戦後的な枠組みが、敗戦後の占領期にいかに形成されたかについて見ていきます。

非軍事化ねらい原油輸入禁止/リファイナリーで賠償も

ポツダム宣言を受諾し、無条件降伏した日本は、連合国軍の占領下に置かれることになりました。石油の需要と供給については、全面的に連合国最高司令官総司令部(GHQ/SCAP、以下GHQと略します)が管理することになったのです。占領初期には石油産業に対して、占領政策のなかでも最も過酷な施策が適用され、日本政府は、石油産業の復興のための積極的な対策をほとんど講じることができませんでした。

日本における石油の需給を管理下に置いたGHQは、まず、石油に関連する一連の戦時統制法令の廃止を進めました。GHQの意向を受けた日本政府は、一九四五(昭和二〇)年一〇月に石油販売取締規則等を、同年一二月には第一次石油業法、石油専売法、人造石油製造事業法、輸出入品等臨時措置法をそれぞれ廃止しました。

続いてGHQは、石油配給機構の再編に乗り出しました。GHQの指令を受けて商工省は、一九四五年一二月に「石油配給統制要綱」を実施して、暫定的に石油配給統制会社に配給を行わせることにしました。

翌一九四六年五月にGHQは「石油の受領及び配給に関する覚書」を発し、前年末に商工省が暫定的統制機関とした石油配給統制会社を単一の石油配給機関に指定するとともに、同社を貿易庁の石油輸入業務の代行機関として認定しました。この措置によって、※ガリオア資金による日本政府の石油製品輸入が一九四六年七月から開始されたのです。なお、石油配給統制株式会社は、一九四六年九月に、社名を石油配給株式会社と変更しました。

その後、GHQは、一九四六年一〇月に「石油製品の配給に関する覚書」を発し、石油配給会社を解散して新たに全額政府出資の単一の配給機関を設立するよう指令しました。この指令を実行するため、一九四七年四月に石油配給公団法が公布され、一九四八年三月末までの期限付きで、一九四七年六月に石油配給公団が発足したのです（同時に、石油配給会社は解散しました）。

石油配給公団の設立と並行して、石油配給方法の見直しも進みました。一九四七年二月に従来の石油配給統制規則と原油取締規則が廃止され、同年八月から経済安定本部作成の新たな「石油製品配給方針」が実行に移されました。そして、一九四七年一一月には、石油製品配給規則が施行されました。石油配給公団の発足と石油製品配給規則の施行によって、GHQが進めた石油配給機構の再編は、一段落する形となったのです。

GHQは、原油の輸入とそれを原料にする太平洋岸製油所の操業を禁止しました。

原油輸入と太平洋岸製油所の操業の禁止は、占領初期のＧＨＱの苛酷な石油政策の典型と言えるものでした。

一九四六年一月にＧＨＱが明確に打ち出した原油輸入禁止の方針は、太平洋岸製油所の操業禁止の方針と分かち難く結び付いていました。同年四月にＧＨＱは、ワシントンに向けて、国産原油産出地域以外の製油所（つまり太平洋岸製油所）を賠償に当てるかスクラップすべきだと勧告したのです。そしてＧＨＱは、一九四六年九月に日本政府にあてて覚書を発し、太平洋岸製油所の操業を禁止するとともに、一部の太平洋岸製油所で続けられていた手持ち原油の処理を同年一一月三〇日までに終了するよう指令するに至りました。この時点では、ＧＨＱの日本石油産業に対する基本方針は、輸入原油による消費地精製を認めず、日本は石油製品を輸入すべきだというものだったのです。

一九四六年一〇月にＧＨＱが発した「製油製品の配給に関する覚書」は、㈠石油製品の配給に関する一切の法律、命令および規制の廃止（ただし、使用に関するものは引き続き効力を有することを認める）、㈡石油配給株式会社の解散、㈢全額政府出資による単一の配給機関の設立、㈣商工省、経済安定本部による石油製品消費者割当計画の策定、を指令したものでした。この覚書にもとづいて、一九四七年六月に石油配給会社に代わる非営利の石油配給公団が設立されました。

石油配給公団は、石油供給民営移管へむけての一段階として位置づけられ、一九四八年三月末までの期限付きで発足しました（実際に解散したのは一九四九年三月末）。同公団は、「販売業者指定要領案」を作成し、販売業者の有資格者について現存業者、転廃業者、および海外引揚者（ただし、内地に本社を有した引揚者を除く）と限定したうえで、指定基準クリアの判定については店舗配給設備（賃借を含む）、資力、信用、経験および熱意の総合勘案によるものとしたのです。

石油政策の転換と太平洋岸製油所の再開

太平洋岸製油所の操業禁止に代表される占領初期のGHQの苛酷な石油政策は、やがて変更を迫られることになりました。その原因となったのは、占領政策全体の転換と石油をめぐる国際情勢の変化という、二つの事情でした。

占領政策の転換をもたらしたのは、東西対立の激化です。東西対立の深刻化にともない、アメリカ政府のなかでは、非軍事化のため日本経済を弱体化させようという占領当初の考え方は徐々に後景に退き、代わって、日本をアジアにおける「反共防波堤」とするために経済復興を優先させようという考え方が有力となりました。

第二次世界大戦直後の時期には、石油をめぐる国際情勢も著しく変化しました。変化は、中東原油の増産と消費地精製方式の台頭という、二点において顕著でした。

この時期に中東原油の生産量は、サウジアラビア、クウェート、イラク、イランを中心にして急激に増加しました。このこともあって、世界の地域別石油需給構造は第二次大戦をはさんで様変わりし、アメリカの石油輸出国から石油輸入国への転換、世界的な石油供給源としての中東の地位の急上昇などの事態が生じたのです。

第二次大戦直後の中東原油の増産の主役となったのは、アメリカ系を中心とするメジャーズ（大手国際石油会社）でした。メジャー各社は、大量の中東原油の手持ちをかかえて、その販売に全力をあげることになりました。

一方、消費地精製方式の台頭の契機となったのは、西ヨーロッパ各国の戦後復興計画です。西ヨーロッパの経済復興にとって最大のネックとなったのは輸入外貨としてのドルの不足でしたが、石油製品輸入方式から原油輸入をともなう消費地精製方式へ転換することは、ドル節約に大いに効果がありました。そして、そのことは、※マーシャルプランにもとづき自国納税者の負担でドル援助を行うアメリカ政府にとっても、歓迎すべき事柄でした。

占領政策の転換によって日本の経済復興を重視する考え方が有力になったこと、中東原油の増産によってメジャー各社が大量の手持ち原油をかかえるようになったこと、西ヨーロッパにおいて消費地精製方式が台頭したことなどは、いずれも、原油輸入禁止と太平洋岸製油所の操業禁止に代表される日本占領初期のＧＨＱの石油政策を変更させる、重要な背景となりました。石油政策の変化は、一九四六年一二月を起点にして、徐々に進行したのです。

最終的にGHQは、一九四九年七月、日本政府にあてて「太平洋岸製油所の操業と原油の輸入についての覚書」を発し、日本サイドが待ちかねていた太平洋岸製油所の復旧を許可する方針を示しました。原油の輸入と太平洋岸製油所の操業再開が実現したのは、一九五〇年一月のことです。

元売の誕生／石油配給機構の民営移管

GHQの石油政策が変化をとげるなか、石油配給機構の民営移管も進展をとげました。当初、一九四八年三月末に予定されていた石油配給公団の解散は、民間貿易が再開されず、石油配給機構の民営復帰の体制が整っていないという理由で、一九四九年三月末まで一年間延期されました。しかし、このことは、石油の輸入、配給の民営移管をめざすGHQの姿勢が後退したことを意味するものではありませんでした。

GHQは、一九四八年九月に覚書を発し、主要輸入基地の民営移管と石油配給公団による石油配給統制の廃止を指令しました。さらに、GHQは、一九四九年一月には補足的な覚書を発し、二次的配給施設の民営復帰も追加指令しました。

これらの指令にもとづいて、一九四九年三月一〇日までに石油配給公団に所属していた油槽所の民営移管が完了しました。そして、同年三月三一日に石油配給公団は解散したのです。

こうして、一九四九年四月一日からは日本における石油の輸入と配給は、民営方式によって営まれることになりました。しかし、この時点では石油製品の配給統制そのものはまだ継続中であったため、日本政府は、一九四九年三月三一日、石油製品配給規則を改正し、翌日からの配給業務については、「輸入基地を運営し、かつ配給能力を有するもの」を「元売業者」の名称で登録させ、それらに行なわせる方針をとったのです（国産原油からの精製品の配給についても、同様に元売業者に行わせるものとしました）。

一九四九年四月の時点で、スタンヴァック、シェル・ジャパン、カルテックス・ジャパン、日本石油、出光興産、昭和石油、三菱石油、ゼネラル物産、日本漁網船具、日本鉱業の一〇社が、元売業者に指定されました。続いて同年八月には、丸善石油、興亜石油、大協石油の三社が新たに元売業者として登録されました。

一九四九年四月に施行された石油製品配給規則の改正によって、商工大臣が、元売業者に対して、石油製品の配給許可数量の割当てを行うことになりました。表5は、一九四九年四月と同年八月の元売業者別石油製品割当比率を示したものです。

表5　元売業者別石油製品割当比率　　（単位:%）

元売業者	1949年4月	1949年8月
スタンヴァック	24.00	21.833
シェル	24.00	21.838
カルテックス	24.00	24.964
日本石油	3.18	4.774
出光興産	6.12	5.696
昭和石油	4.61	4.702
三菱石油	4.29	4.525
ゼネラル物産	4.29	4.140
日本漁網船具	2.65	1.810
日本鉱業	1.84	2.282
丸善石油		1.394
興亜石油		0.836
大協石油		0.558
その他	1.02	0.648
合計	100	100

出所：通商産業省通商産業政策史編纂委員会編『通商産業政策史第3巻　第I期戦後復興期(2)』1992年。

注：「その他」には、国産原油精製業者を含む。

第二節　戦後石油産業の枠組みを決めた消費地精製主義

外資提携と消費地精製方式

ここまで述べてきましたように、敗戦後の占領期を通じて日本の石油産業おいては、外資提携と消費地精製主義とに象徴されるの戦後的な枠組みが定着していきました。そのプロセスを、スタンヴァックの動向に即して再確認しておきましょう。太平洋戦争の開始にともない一九四一年一二月に日本支社の閉鎖を余儀なくされたスタンヴァック（エクソンの前身であるニュージャージー・スタンダードと、モービルの前身であるソコニー・ヴァキュームとが折半出資で一九三三年に設立した海外子会社）は、終戦後四年弱を経た一九四九年四月に日本での事業活動を再開しました。活動再開にあたり元売会社の一つに指定されたスタンヴァックは、シェル石油（ライジングサンが一九四八年一〇月に改称したもの）やアメリカ系のカルテックスと同率の二四％の石油製品元売割当を受けました。

スタンヴァックの日本での事業再スタートに関して特筆すべき点は、その直前の一九四九年二月に東亜燃料工業（以下では、東燃と略します）と資本提携したことです。表6から明らかなように、スタンヴァックと東燃との資本提携は、一九四九年から一九五二年にかけて日本の石油会社が推進した一連の外資提携の先陣を切るものでした。

スタンヴァックと東燃との提携は、スタンヴァックが供給した原油を東燃が精製し、その製品をスタンヴァックが販売するという内容になっていました。この提携は、表6に示された他の一連の提携と同様に、第二次大戦後メジャーズ（大手国際石油資本）が従来の生産地精製方式に代えて消費地精製方式を採用したという、世界的な石油業界の新しい流れに沿うものでした。

ＧＨＱ内に設置された石油顧問団にメンバーを送りこんだスタンヴァックなどの外国石油会社は、占領当初の時期には、戦前以来の生産地精製主義にもとづき、日本の石油市場を、原油の供給先ではなく製品の供給先として評価していました。そのことは、石油顧問団メンバーのスタンヴァック、カルテックス、シェル、タイドウォーターの四社の代表がこぞって、一九四六年一月のＧＨＱによる原油輸入禁止指令を支持したことに、端的な形で示されています。

しかし、メジャーズを含む外国石油会社の日本市場に対するこのような立場は、中東原油の大幅増産や西ヨーロッパでの消費地精製方式の拡大が進むにつれて、急速に変化していきました。メジャーズの対日戦略の転換（具体的には、消費地精製主義の採用にもとづく日本の石油精製業者との提携交渉）は、一九四六年一一月までは始まっていたのです。

メジャーズと日本の石油精製業者との提携は、両者にとってメリットをもっていました。例えば、日本において、石油精製設備は有するが原油供給力と製品販売網をもたない東燃と、原油供給力と製品販売網は有するが精製設備をもたないスタンヴァックが提携することは、相互補完という意味で自然でした。また、精製面と製品販売面では十分な力をもちながら原油供給面で不十分性を残す日本石油と、原油供給面で十分な力をもちながら精製設備と製品販売網をもたないカルテックスとの提携においても、相互補完の原理は作用していたのです。

スタンヴァックと東燃との提携に焦点を合わせれば、それは、スタンヴァックにとって原油販売の拡大という点で大きな意味をもっていました。アメリカの議会図書館（ワシントンD．C．）にはスタンヴァックの社内報が現存しますが、一九四九年の東燃との提携の成立を大々的に伝えた当時の社内報の一面トップ記事は、東燃の清水・和歌山両製油所の稼働によって、スタンヴァックの原油処理量が一五％増大する点を強調しています。現実に一九五〇年のスタンヴァックの原油処理量は、日本以外の製油所で減産がみられたにもかかわらず、東燃の二製油所の操業再開によって、対前年比一一％増加しました。なお、スタンヴァック・東燃間の提携が東燃サイドにとっていかなる意味をもったかについては、この章のなかで後述します。

表6　第二次世界大戦終結後1952年までの 日本の石油会社による主要な外資提携契約

提携会社	締結年月日	契約内容	外資側契約主体
東亜燃料工業 スタンヴァック	1949. 211 1951..7. 1	資本提携契約［51％］ 技術提携契約	スタンヴァック スタンヴァック
日本石油 カルテックス	1949.3.25 1950.4.21 1951.5.16	石油製品委託販売契約 原油委託精製契約 共同出資子会社（日本石油精製）設立契約［50％］	カルテックス・ジャパン カルテックス・ジャパン カルテックス・プロダクツ
三菱石油 タイドウォーター	1949. 3. 31	資本提携契約［50％］	タイドウォーター
昭和石油 シェル	1949.6.20 1951.6.28 1952.12.3	原油委託精製契約 資本提携契約［26％］ 資本提携契約［50％］	シェル・ジャパン シェル・ジャパン シェル・ジャパン
興亜石油 カルテックス	1949.7.13 1950.7.20	原油委託精製契約 資本提携契約［50％］	カルテックス・ジャパン カルテックス・ジャパン
丸善石油 ユニオン	1949.10.21	原油供給および石油製品委託販売契約	ユニオン
丸善石油 シェル	1951.6....	原油委託精製契約	シェル・ジャパン

出所：諸資料にもとづき、筆者が作成。

注：1.［　］内は、資本提携契約における外資側の出資比率。

1. ---は、日付不明。
2. 「契約内容」は、主要な内容のみ掲載。
3. カルテックス・ジャパンは、カルテックス・オイル（ジャパン）・リミテッド。
   カルテックス・プロダクツは、カルテックス・オイル・プロダクツ・カンパニー。
   シェル・ジャパンは、シェル・カンパニー・オブ・ジャパン・リミテッド。

「エネルギー革命」と「石油の時代」の到来

日本では、一九五〇年代半ばの高度経済成長の開始とともに、いわゆる「エネルギー革命」が始まりました。エネルギー革命とは、一次エネルギーの供給源が石炭から石油へ転換する現象のことです。表7は、日本における一次エネルギー供給量の推移を一九五三〜六一年度について、供給源別に見たものです。この表からわかりますように、一九五三年度には石炭のエネルギー供給量（一二二九※ペタジュール）の三分の一以下だった石油のエネルギー供給量（三九五ペタジュール）は、その後急伸し、一九六一年度には一九六九ペタジュールとなって石炭のそれ（一八八二ペタジュール）を凌駕しました。この石炭から石油への急激な転換をさして、「エネルギー革命」ないし「エネルギー流体革命」という言葉が使われたのです。

石油はもともと液体であるので、固体である石炭に比べて、輸送や貯蔵、取り扱いの点で優位性をもっていました。石炭のように、燃えガラの処理に困るという問題もありませんでした。ただし、この時期にエネルギー革命が一挙に進んだのは、石資源の枯渇や労使紛争の頻発などで国内石炭の供給に不安が生じたこと、一方、石油供給については中東油田の開発などで安定性が増したこと、これらを反映して日本国内での石油の石炭に対する相対価格が低下したことなどの社会的要因によるものでした。

エネルギー革命の進行にともない、石油需要は急増し、日本国内でも製油所の建設が相次ぎました。太平洋側製油所が再開された一九五〇年に一二ヵ所だったわが国の製油所は、一九六一年には二八ヵ所に増え、その間に原油処理能力も、日量七万二五〇〇バレルから一一三万六〇〇〇バレルへ、一五倍以上も増大したのです。

日本にとって、一九五〇年代半ばから一九七〇年代初頭にかけての高度経済成長期は、同時に、「石油の時代」でもありました。わが国における一次エネルギー供給量を一九六二～七三年度について供給源別に見た表8は、そのことを

表 7　日本における 1 次エネルギー供給量の推移（1953 ～ 61 年度）

（単位ペタジュール）

年　度	石　炭	石　油	天然ガス	水　力	その他	合　計
1953	1,229	395	5	746	202	2,578
1954	1,179	415	6	737	201	2,538
1955	1,268	472	10	731	204	2,684
1956	1,430	593	12	737	205	2,976
1957	1,573	736	18	759	211	3,298
1958	1,365	749	22	763	193	3,094
1959	1,516	1,149	29	710	190	3,594
1960	1,738	1,588	39	661	194	4,220
1961	1,882	1,969	59	753	192	4,853

出所：矢野恒太記念会編『数字でみる日本の 100 年』改訂第 5 版（2006 年）。
原資料は、資源エネルギー庁「総合エネルギー統計」。
注：1.単位のペタジュールは、10^{15} ジュール（熱量）。
2.石炭には、輸入コークスを含む。
3.石油は、原油と石油製品の合計。

如実に表しています。「石油の時代」を謳歌して、わが国の石油産業は急成長をとげ、基幹産業の一つになりました。

わが国では石油のエネルギー供給量が一九六一年度に石炭のそれを凌駕しましたが、その後、両者間の差は拡大の一途をたどりました。石油危機が起こった一九七三度には、石油のエネルギー供給量（一万二四八四ペタジュール）は、石炭のそれ（二四九四ペタジュール）の五倍強に達しまし

表 8　日本における 1 次エネルギー供給量の推移（1962 ～ 73 年度）

（単位：ペタジュール）

年度	石　炭	石　油	天然ガス	水　力	原子力	新エネルギー等	地　熱	合　計
1962	1,751	2,389	74	665	—	186	—	5,065
1963	1,809	3,005	86	694	—	122	—	5,717
1964	1,861	3,565	85	678	—	116	—	6,305
1965	1,911	4,215	85	751	0	109	—	7,071
1966	1,991	4,789	88	768	6	109	0	7,751
1967	2,233	5,779	94	668	6	111	1	8,891
1968	2,402	6,828	101	716	10	121	2	10,180
1969	2,576	8,052	119	728	10	130	2	11,617
1970	2,662	9,623	166	749	44	136	3	13,383
1971	2,338	10,067	168	805	75	141	2	13,596
1972	2,339	10,968	169	815	89	144	3	14,527
1973	2,494	12,484	248	660	91	153	3	16,133

出所：前掲『数字でみる日本の 100 年』改訂第 5 版。
　　原資料は、資源エネルギー庁「総合エネルギー統計」。
注：1.単位のペタジュールは、10^{15} ジュール（熱量）。
　2.石炭には、輸入コークスを含む。
　3.石油は、原油と石油製品の合計。
　4.天然ガスは、国産天然ガスと輸入 LNG の合計。

た。一九六〇年代後半の日本では、原子力や地熱などの新しいエネルギー源が登場しましたが、石油の優位は揺らぎようがありませんでした。一九七三年度には、わが国の一次エネルギー供給における石油のウエートは、七七%に達したのです。

　この時期の日本で石油の時代が現出した最大の要因は、原油価格が低落傾向をたどったことに求めることができます。表9からわかりますように、日本における原油輸入価格は、一九五八年から低落を続けるようになりました。わが国では、まさにこのタイミングで、主要なエネルギー源が石炭から石油へ移行する「エネルギー革命」が始まったのです。原油価格の低落傾向は、一九七〇年まで続きました。この間に、日本では、「石油の時代」が花開いたのです。

　ただし、表9は、日本における原油輸入価格が、一九七一年以降、上昇に転じたことも伝えています。

表9　日本の原油輸入価格の推移（1950～73年）（単位：米ドル／バレル）

年	価　格	年	価　格	年	価　格	年	価　格
1950	2.71	1956	3.07	1962	2.14	1968	1.92
1951	3.62	1957	3.48	1963	2.11	1969	1.81
1952	3.79	1958	3.19	1964	2.05	1970	1.80
1953	3.23	1959	2.77	1965	1.98	1971	2.18
1954	2.87	1960	2.38	1966	1.92	1972	2.51
1955	2.78	1961	2.21	1967	1.92	1973	3.29

出所：前掲『数字でみる日本の100年』改訂第5版。原資料は、大蔵省「貿易統計」。

注：CIF（運賃、保険料込み）価格。

原油価格の急騰をもたらした石油危機の前兆は、数年前から観察されていたのです。

第三節　第二次石油業法の制定と「出光封じ込め」

出光の抑え込みねらった第二次石油業法の制定

石油産業が日本の基幹産業の一つとして急成長をとげる中で、政府による規制はどのように推移したのでしょうか。

戦時統制的色彩を有していた第一次石油業法は終戦直後の一九四五年に廃止されましたが、戦後になっても、石油産業に対する規制自体は継続しました。スタンヴァック日本支社が解体し、エッソ・スタンダード石油とモービル石油の二社への改組が完了した一九六二年には、新しい石油業法が制定されました（同年五月公布、七月施行）。この第二次石油業法の主要な内容は、㈠通商産業大臣が石油供給計画を作成する、㈡石油精製事業を許可制とする、㈢特定の精製設備の新増設も許可制とする、㈣石油製品生産計画と石油輸入計画については届出制をとる、㈤必要な場合には通産大臣が石油製品販売価格の標準額を告示する、などの諸点にありました。

第二次石油業法に賛成したのは、東燃、大協石油、亜細亜石油、日本鉱業、東亜石油、丸善石油、日本漁網船具、日網石油精製の八社、条件つきで賛成したのは、日本石油、日本石油精製、興亜石油、三菱石油、ゼネラル石油、ゼネラル物産、昭和石油、昭和四日市石油、エッソ石油の九社、反対したのは、出光興産、カルテックス、シェル石油の三社でした。外資提携企業（東燃や日本石油など）が賛成ないし条件つき賛成の立場をとったこと、メジャーズ系の一部が条件つき賛成派にまわった（さらに、第二次石油業法の制定に反対の立場をとったメジャーズも、強い反対の立場はとらなかった）ことなどの背景には、イラン石油やソ連原油の輸入、石油精製業への参入など独特の経営行動をつうじて急成長をとげつつあった出光興産の動きを、第二次石油業法によって封じ込めようという意図がありました。

この点について、第二次石油業法の必要性を提言したエネルギー懇談会の委員をつとめた脇村義太郎は、「第二次石油業法を官僚だけでなく業者の間で作ってもらいたいという気持ちがいささかでもでてきたのは、出光に対する恐怖感からであり、ソ連石油に対する恐怖感からきていたのです」、「出光に対する恐怖感は、メジャーと組んでいる日本の会社にあった。また日石にとっては、元来出光は自分の特約店であった。その出光の急速な拡大は好ましいと思っていない。メジャーと組んでいる他の会社も、ソ連原油の増大を恐れた。だから、第1次石油業法の場合とは違って、メジャーは第2次石油業法に対して、強く反対するということはできなかった。

つまり、出光を抑えることができるだろうと思っていましたからね」と回想しています（日本経営史研究所編『脇村義太郎対談集』、一九九〇年、六五頁）。脇村は、エネルギー懇談会が一九六一年一二月に「石油政策に関する中間報告」を発表した際に、第二次石油業法制定の必要性を主張した多数意見に対して、その不要性を説いた少数意見を唱えた、唯一の委員でもありました。

一九五〇年代から六〇年代前半にかけて著しい勢いで進行していた日本の石油市場における出光興産のシェアの拡大は、一九六〇年代半ばから頭打ちを示すようになりました。結果的にみれば、一九六二年の石油業法の制定は、出光興産の伸張を抑制する効果をあげたのです。

出光興産の場合とは対照的に、日本の石油市場におけるエッソ・モービルグループ（一九六一年以前はスタンヴァックグループ）のシェアは、一九五〇～六〇年代には低下傾向を示したものの、一九七〇年代以降下げどまり安定するようになりました。エッソ・スタンダード石油の親会社のニュージャージー・スタンダードは、一九七二年一一月にエクソン・コーポレーション（エクソン）と呼称変更し、エッソ・スタンダード石油自身も、一九八二年三月にエッソ石油と改称しました。また、モービル石油の親会社のソコニー・モービルも、一九六六年五月にモービル・オイルと改称したのち、一九七六年七月にモービル・コーポレーション（モービル）に改組されました。エクソン系のエッソ石油とモービル系のモービル石油、およびエクソン、モービル両社と資本提携している東燃の三社を中核とするエッソ・モービルグループの一九九〇年度における日本の石油市場でのシェアは、精製能力で一五・三％、製品販売量で一六・〇％でした。つまり、エッソ・モービルグループは、ひき続きトップグループの一つとしての地位を堅持していたのであり、日本石油産業における外資系石油会社の優位は一九九〇年代初頭になっても継続していたと言うことができます。

外資に内側から立ち向かった東燃の中原延平・伸之

戦後の日本石油産業で長期にわたって優位を占めた外資に対して、果敢に挑戦を試みた日本人経営者が存在します。その代表格は、東亜燃料工業（東燃。一九八九年七月に社名を「東燃」と改称）の中原延平・伸之父子と出光興産の出光佐三ですが、前者は外資系石油会社における内側からの挑戦者、後者は「民族系石油会社の雄」としての外側からの挑戦者とみなすことができます。ここでは、まず中原父子に注目し、続いて出光佐三に目を向けることにしましょう。

一九三九年七月に設立された東燃の社長を一九四四年一月から一九六二年二月まで つとめ、その後も一九七六年三月まで同社会長の座にあった中原延平は、一九四九年のスタンヴァックとの提携を決断した人物です。しかし、一方では彼は、スタンヴァックとその親会社であるニュージャージー・スタンダードやソコニー・モービルに対する内側からの挑戦を、本格的に開始した人物でもありました。

一九四九年にスタンヴァックと提携した東燃は、積極的に設備投資を展開しました。一九五四年二月〜一九五七年四月の和歌山製油所における高級揮発油製造装置の建設、一九五七年四月〜一九六〇年四月の清水製油所の合理化と拡充、一九六一年一月〜一九六三年七月の川崎製油所の新設、一九六四年一月〜一九六八年一〇月の和歌山製油所における大崖地区の拡充、一九六九年七月〜一九七二年一〇月の川崎製油所の拡充、などがそれです。

東燃が建設した生産諸設備は、単に規模の経済性という点で優れていただけではありませんでした。それらは、製品の付加価値の高さという点でも秀でていたのです。石油製品のなかでガソリンおよび中間製品（ジェット燃油、灯油、軽油およびA重油）からなるいわゆる「白油」は、B・C重油などと比べて付加価値が高く、収益力に富んでいます。一連の設備投資が完了した一九七三年の時点で、東燃の白油構成比率（ガソリンおよび中間製品の生産量の燃料油全体の生産量の中に占める比率）は五七・四％であり、日本の全国平均のそれ（五三・四％）を四・〇ポイント上回っていました。その後、石油危機後の石油需要停滞下での白油需要の堅調さもあって、石油精製各社は白油生産比率の引き上げに力を入れました（流動接触分解設備の能力増強や原材料選択面、運転面での白油化対応など）が、この面での東燃の優位は揺るぎませんでした。一九八四年の白油構成比率をみると、全国平均は七〇・二％まで高まりましたが。東燃の数値はそれをしのぐ勢いで八一・四％まで上昇し、両者の格差は一一・二ポイントと拡大したのです。そして、白油の製品得率が高いことは、日本の石油業界において東燃の収益性が高いことの重要な条件となったと言えます。

ここで注目すべき点は、東燃の競争優位を確立した一連の設備投資が、スタンヴァックの指導によってではなく、中原延平のリーダーシップのもとで遂行されたことです。中原延平らの東燃の首脳部は、「マーケティングを担当するＳＶＯＣ［スタンヴァックをさす…引用者］の要請をまつことなく、高級揮発油製造装置の建設を企図し」（東亜燃料工業株式会社『東燃三十年史上巻』、一九七一年、二九八頁）、どの設備をどこに、どういう順番で建設するかを自主的に決定しました。もちろん、競争優位を形成するうえでスタンヴァックの親会社であるニュージャージー・スタンダードとソコニー・モービルの技術力がものを言ったことは事実ですが、設備投資を推進するうえでリーダーシップを発揮したのは、あくまで中原延平であり、スタンヴァックではなかったのです。

中原延平は、日記の一九五八年の「年頭所感」のなかで、「東燃の事業は、今のままでは、今後なかなか伸びにくい。研究、船、石油化学、輸出に、一段の推進を要する。人事も沈滞してはならぬ。ス社とも真剣に交渉すべきことが多々ある」（奥田英雄編『中原延平日記第三巻』石油評論社、一九九四年、四九七頁）、と記しています。文中の「ス社」とはスタンヴァックのことであり、「ス社とも真剣に交渉すべきことが多々ある」という文面からわれわれは、中原延平がこのころから、スタンヴァックおよびその親会社であるニュージャージー・スタンダードとソコニー・モービルに対して、内側から本格的に挑戦するようになった模様を読みとることができます。

一九五二年二月の東燃の組織改革の際にスタンヴァック側が提示した原案は、「石油精製会社の組織は、製油と会計だけあればいい」（「中原会長談話（要旨）」東亜燃料工業株式会社『東燃三十年史下巻』、一九七一年、三八三頁）という考え方に立つものでした。このようなスタンヴァックの考えと「研究、船、石油化学、輸出」への展開をめざす中原延平の方針とのあいだのギャップは大きかったのですが、延平はスタンヴァックやその二つの親会社の関係者を説得し、自らの方針の多くを実現しました。一九五九年五月の東亜タンカーの設立（一九六一年三月に東燃タンカーと名称変更）、一九六〇年一二月の東燃石油化学の設立、一九六一年一一月の中央研究所の完成が、それです。

しかし、説得には多くの時間を要したのであり、中原延平の言葉を借りれば「遺憾だがチャンスを逸した」（竹内伶『東燃高収益戦略』アイペック、一九八七年、二四〇頁）側面があったことも、否定できません。この点は、東燃が一九五五年に事業計画を立案しながら、スタンヴァックやニュージャージー・スタンダードの同意を取りつけるのに手間どった、石油化学進出の場合にとくに顕著でした。結局、東燃は、石油化学国産化の第一期計画でエチレン・センター建設が認可された「先発四社」（三井石油化学、三菱油化、住友化学、および日本石油化学）になることができず、同第二期計画で認可された「後発五社」（東燃石油化学、大協和石油化学、丸善石油化学、出光石油化学、および化成水島）にならざるをえなかったのです。中原延平は、「昭和30年にSVOCが東燃の計画を了解してくれていたら、第1次石油化学工業計画が出るよりも早く、東燃は石油化学に進出できていたであろう。エチレンでももちろん先発グループにはいっていたであろう」（前掲「中原会長談話（要旨）」三九五頁）、と回想していますが、この発言には、石油化学進出に際して先発の優位を確保するチャンスを逸したことへの無念さがにじみ出ています。

「研究、船、石油化学」への展開にあたって説得に苦労したこと、一九五八年一一月のゼネラル石油の設立や一九六三年六月の極東石油の設立をめぐってスタンヴァックやその二つの親会社とのあいだに利害の齟齬が生じたことなどは、中原延平に、東燃の経営の自由度を高める（換言すれば、外資の発言力を減退させる）必要性を痛感させました。そのため彼は、スタンヴァック、ニュージャージー・スタンダード、ソコニー・モービルに対する内側からの挑戦を本格化することになりましたが、一九六〇年の石油化学への進出に際して東燃への外資の出資比率を五〇%に低減させたことは、それを象徴する出来事でした。東燃に対するスタンヴァックの出資比率は、一九四九年の資本提携当初は五一%でしたが、一九六〇年の東燃石油化学設立の直前には五五%まで上昇していました。それを、中原延平は、五〇%に引き下げることに成功したのです。

東燃石油化学の設立と同時に東燃に対するスタンヴァックの出資比率が五〇%に後退したことは、直接的には、外資の出資比率が五〇%を超す石油会社には石油化学への進出を認めないという、日本の通商産業省（通産省）の方針によるものでした。しかし、より根本的には、これは、通産省の方針を逆手にとった中原延平の深謀遠慮の成果だとみなすことができます。『東燃五十年史』に掲載されている特別寄稿文の中で、森川英正は、次のように述べています。

「東燃石油化学の設立とそれに連動して生じた当社［東燃…引用者］におけるSV

ＯＣの持株比率減少という局面では、中原［延平…引用者］の個人的行動が再び決定的意義を担うことになる。

　石油化学進出に対し消極的な態度をとるＳＶＯＣ首脳部を粘り強く説得する。外資系石油会社である当社の石油化学進出を拒否する通商産業省を粘り強く説得する。そして、外資系企業に対する通商産業省の拒絶反応を逆手にとって、ＳＶＯＣの当社に対する出資比率を55％から50％に引き下げる条件で通商産業省に当社の石油化学進出を承諾させ、更にその条件をＳＶＯＣに伝えて、出資比率の50％への引き下げを承諾させる。このへんの交渉過程の見事さは、特筆に値する」（森川英正「中原延平会長の功績」東燃株式会社編『東燃五十年史』、一九九一年、八五〇頁）。

　石油化学進出に際して東燃へのスタンヴァックの出資比率を五〇％に低減させたことは、中原延平の外資に対する内側からの挑戦の一つの大きな成果だったのです。中原延平は一九七六年三月に東燃の会長を退任し、一九七七年二月に死去しましたが、東燃の資本提携相手であるエクソン（ニュージャージー・スタンダードの後身）やモービル（ソコニー・モービルの後身）に対する内側からの挑戦という行動それ自体は、彼の長男である中原伸之によって受け継がれることになりました。中原伸之は、一九七〇年二月に東燃の取締役となり、一九七四年二月同社常務、一九八四年三月同社副社長に昇進したのち、一九八六年三月には同社社長に就任しました。

としていました。

中原伸之が推進した内側からの挑戦は、財務活動の強化と新事業の展開を二本の柱

中原伸之のリーダーシップのもとに遂行された東燃の財務活動の強化が大きな成果をあげたのは、一九八〇年代のことです。一九七〇年代末の第二次石油危機とその後のアメリカの高金利（一九八〇〜八二年）の影響を受けて東燃の支払い金利は一九八〇年代初頭には著しく増加し、ピーク時の一九八一年には年間四一五億円に達しました。このような状況を打開するため東燃は、ドル借入期間の短縮、円貨借入へのシフト、借入金の返済、他通貨金融の導入などにより支払い金利の節減に努めるとともに、運用の多様化による資金効率の向上にも尽力しました。これらの措置が成果をあげたうえに、一九八三年以降経営環境が好転した（原油価格の下落やアメリカの高金利の沈静化）こともあって、一九八四年に東燃は、日本の石油精製会社としては第二次世界大戦後初めて、金融収支の黒字（一六億円）転換に成功したのです。

その後も原油市況の軟化や円高・ドル安の進行など有利な環境が継続するなかで、東燃は、財務体質の強化にひき続き取り組みました。この結果、一九八四年末に三七・二％だった同社の自己資本比率は一九八八年末には六〇・三％まで急上昇し、その間の一九八五年末には、「ついに運用資産が借入金総額を上回りネットで

余剰資金が生じ、実質無借金経営が実現した」（前掲『東燃五十年史』七三四頁）。そして、『東燃五十年史』によれば、「財務体質の強化を背景に、当社の金融収支は一段と改善が進み、61年〔昭和六一年＝一九八六年・・・引用者〕以降は１００億円前後の黒字額を計上するに至り、金融収益は、当社の主要な収益源の一つとして位置付けられるまでになった」（七三三頁）のです。

中原伸之が財務活動の強化とともに力を注いだのは、新事業の展開でした。東燃は、一九八五年のコーポレート・プランのなかで、㈠新素材分野（ピッチ系炭素繊維など）、㈡新エネルギー転換技術分野（超音波噴射弁など）、㈢ライフサイエンス分野、㈣情報科学分野を、新規事業の四大重点分野として設定しました。そして、同年一月に従来の中央研究所を総合研究所に改組するとともに、翌一九八六年四月には基礎研究所を分離独立させて、研究体制を大幅に拡充したのです。このような東燃の新事業の展開に対して、エクソンやモービルは消極的な姿勢に終始したと言われています。

ここまで、中原延平・伸之父子による東燃の内側からのスタンヴァック、エクソン、モービルに対する挑戦を振り返ってきましたが、ここで強調しておきたいのは、彼らの内側からの挑戦を通じて東燃が、「石油業界ではずば抜けた高収益会社」（オイル・リポート社『石油年鑑１９９３／１９９４』、一九九四年、二六八頁）になったことです。例えば、一九九四年度の日本の石油業界において東燃は、売上高では第一位であったにもかかわらず、経常利益では第一位を占めました。東燃の高収益性をもたらしたのは、中原延平が推進した高付加価値化（白油化）戦略や、中原伸之が力を入れた財務活動の強化などでした。

エクソンとモービルによる中原伸之社長の解任

エクソンとモービルに対する東燃の内側からの挑戦は、一九九〇年代にはいって、大きな挫折を経験することになります。東燃の経営権をめぐるエクソンとモービル（各々二五％の株式を保有する東燃の当時の大株主は、形式上はエッソ・イースタンとモービル・ペトロリアムでしたが、事実上はそれぞれの親会社のエクソンとモービルでした）の反撃は、まず一九九二年度決算における一〇割配当の強要という形で表面化し、次に一九九四年の中原伸之社長の解任によって決定的なものとなりました。

一九九〇年の五割配当や一九九一年の五割二分配当と比べて約二倍の急伸となった一九九二年の一〇割配当によって、東燃は、税引後当期利益の一八六億円をはるかに上回る三二三億円の配当金を支払わなければなりませんでした。つまり、「過去の蓄積である未処分利益を１４０億円ほど取り崩して配当に振り向けた」わけですが、問題のこの一〇割配当は、「合計50%をもつ大株主のエクソンとモービルが歩調を合わせて強く要請した結果と伝えられて」います（前掲『石油年鑑1993／1994』二六七‐二六八頁）。

東燃の一九九二年の一〇割配当について、『石油年鑑1993／1994』は、モービル石油の創立一〇〇周年やエッソ石油の創立三〇周年という表面的な理由とは別に、次のような三つの実質的な理由が存在したと指摘しています。

「まず第一は、東燃が抜群の競争力を備え、十分な内部留保をもっていることである。第二は、親会社の一つであるエクソンが大型原油タンカー※『エクソン・バルディーズ号』事故の後遺症に今なお苦しみ、モービルもこのところ業績が不振であまり冴えなかったからだろう。そして第三は、過去に東燃が稼いだ利益、とくにアラムコ格差時代に蓄積した利益の還元に両親会社が不満を抱いていたからではなかろうか」（二六八頁）。

ここで指摘されている第一の点は、東燃の高収益性それ自体が、エクソンやモービルの攻勢の根拠になったということです。これは、中原延平・伸之父子の内側からの挑戦の成果（あるいは、長期にわたる内側からの挑戦を可能にした条件）がエクソンやモービルの反撃の要因に転じたということであり、まことに皮肉な結果だと言わざるをえません。

第二の点は、一九九〇年代にはいると、エクソンとモービルにとって、東燃からの利益の吸収がもつ戦略的な意味合いが、いっそう増大したことを示しています。この点は、エクソンに比べて企業規模が小さく、業績不振に直面していたモービルの場合にとくに顕著であり、一九九二年のモービルの収益のうち「約三〇パーセント以上を日本市場で確保したのではないかと思われる」(長谷川慶太郎「メジャーの暴走―東燃社長解任劇―」『文藝春秋』一九九四年三月号、一九五頁)、という指摘もあります。また、一九八九年三月のアラスカ沖でのバルディーズ号の原油流出事故の事後対応に追われていたエクソンにとっても、東燃からの配当収入が増加することの意味は、けっして小さなものではなかったです。

第三の点が指摘するアラムコ格差とは、一九七〇年代末葉から一九八〇年代初頭にかけて日本の石油業界で生じたアラムコ系各社と非アラムコ系各社との間の業績格差のことであり、アラムコ系各社とは、サウジアラビアでの原油供給に携わるアラビアン・アメリカン・オイル・カンパニー(アラムコ)のメンバーであるアメリカ系メジャーズ四社(ソーカル、テキサコ、エクソン、およびモービル)と提携していた外資系石油会社のことをさします。アラムコ格差に関しては『石油年鑑1993/1994』に的確な説明がありますので、やや長くなりますが、該当箇所を引用しておきましょう。

「アラムコ格差はイラン革命による石油供給不安を背景に、ＯＰＥＣ［石油輸出国機構…引用者］が多重価格の導入を決めた１９７８年12月に始まり、１９８１年10月の総会で価格を再統一するまで２年10ヵ月続いた。原油価格が急騰する中で、サウジ以外の加盟国が勝手に競って割増金を上積みした結果、割安なサウジ原油の供給にあずかれるアラムコ系の各社とイラン、イラク、クウェートなど割高な原油しか入手できない非アラムコ系の各社との間の原油コストにときには５ドル／バレル以上の深刻な格差が生じたわけである。この結果、（中略）多重価格時代の渦中にあった１９８０年度には、為替差益除きの経常利益は東燃などアラムコ系12社が合計２５６７億円の黒字を計上したのに対して、非アラムコ系22社は３２８２億円の赤字という惨たんたるものであった。したがって、アラムコ系各社のみ目立って高い配当は実施できなかったようである。政策的なバランス上からも、非アラムコ系各社が軒並み業績悪化に苦しんでいる最中に、ひとりアラムコ系企業のみ勝手な高配当を許さぬ状況が当時の日本になかったとはいえない。石油産業は通産省や大蔵省の強力な行政指導下に置かれていたからである」（二六九頁）。

アラムコ格差により東燃が相対的高収益を得ることができたのは、エクソンやモービルの強力な原油調達力にもとづくものであったことは間違いありません。しかし、アラムコ格差自体が生じたのは一九七〇年代末葉〜一九八〇年代初頭のことであり、それが一〇年以上経過した一九九二年に東燃の一〇割配当の理由になったのだとすれば、かなり異様な事態だと言わざるをえません。このような事態が発生するほど、内側からの挑戦を続ける中原伸之社長と、巻き返しを図るエクソン、モービルとのあいだの軋礫は、深刻化していたということではないでしょうか。

いずれにしても、中原伸之社長とエクソン、モービルとの軋轢は、一九九四年にはいって、後者による前者の解任という形で、決定的な局面を迎えることになりました。一九九四年一月一四日付夕刊のトップ記事で東燃中原伸之社長の「事実上の解任」を伝えた『朝日新聞』は、それが、エクソンとモービルの圧力によるものであることを明らかにしました。中原伸之の人事政策にも問題があったと指摘した『日本経済新聞』や『日経産業新聞』も、社長解任がエクソン、モービルの手で強行されたものであることは否定しませんでした(「中原東燃社長退任へ」『日本経済新聞』一九九四年一月一四日付夕刊一面、「東燃中原社長、事実上の解任／迫る米高配当軍団／人事が災い、社内立たず」『日経産業新聞』一九九四年一月一七日付一面)。中原延平・伸之父子により長期にわたって展開された東燃の内側からのエクソン、モービルに対する挑戦は、一九九四年三月の中原伸之社長の退任により終止符を打つことになったのです。

圧倒的なメジャー支配に挑戦した出光佐三

続いて、エクソンやモービルを含むメジャーズ（大手国際石油資本）に対する外側からの挑戦者として、出光佐三の企業者活動に光を当てます。

一九一一（明治四四）年六月に出光商会を創設した出光佐三は、太平洋戦争以前には、東アジアの旧日本軍の勢力圏で幅広く事業展開する石油商として活動しました。一九四五（昭和二〇）年の敗戦で出光商会の在外支店をすべて喪失するという大打撃を受けましたが、戦後も出光商会の事業を継承した出光興産（一九四〇年五月設立）のトップマネジメント（一九六六年一〇月まで社長、その後一九七二年一月まで会長）をつとめ、「民族系石油会社の雄」として戦前以上の活躍ぶりを示したのです。

出光佐三は日本で最も人気のある石油業経営者ですが、その理由は二つあります。一つは、彼が日本政府による石油産業の規制に終始抵抗したアントゥルプルヌアー（企業家）だったことです。そして、いま一つは、出光佐三がメジャーズに真っ向から挑戦した「民族系石油会社の雄」だったことにあります。

出光佐三のメジャーズへの挑戦は、すでに戦前から始まっていました。出光商会が東アジアに重点をおいて営業活動を展開した理由の一端は、この地域で「強大な勢力をふるっていた外油に対抗して日本油の販路を開拓し」（出光興産株式会社『出光略史』、一九六四年、一四 - 一五頁）ようとしたことに求めることができます。

出光佐三が、外国石油会社に有利に作用していた朝鮮の石油関税を改正するため尽力したこと（一九二九年に関税改正実現）、出光商会が、外国石油会社の中国市場支配の本拠地であった上海に大量の日本油を持ち込んだこと（一九三五年に上海支店開設）などは、外国石油会社への対抗意識の強さを如実に示しています。一九六一年時点での出光佐三の回想によれば、「戦前は出光は満州を手はじめに※支那、朝鮮、※台湾と手を広げていた。これらの地方は外国石油会社（スタンダード社、シェル会社、テキサス会社等）があらゆる巧妙な手段をもって、石油市場を独占し石油を高く売っていた。出光は外国石油会社が独占しているこれらの市場にメスを入れて、その独占を破って彼らに嫌われたのである」（出光佐三『人間尊重五十年』春秋社、一九六二年、六頁）。

メジャーズに対する出光佐三の挑戦的な姿勢は、戦後になっても変わりませんでした。出光佐三は、早くも敗戦の翌年の一九四六年に、「戦後日本のとるべき石油政策として、『国際石油カルテルの独占より免れしめ、戦前同様の理想的石油市場をつくるべきこと』を政府に建言したが黙殺された」（前掲『出光略史』三七頁）のです。

占領期に日本の石油業界の主流が外資提携と消費地精製（原油輸入精製）へシフトしたのに対して、出光興産は、外資と提携せず、石油製品の輸入を重視する方針をとりました。

まず、外資との関係についてみれば、出光興産がカルテックス、スタンヴァック、シェルなどと提携交渉を進めた事実はあるようですが、これらの交渉はいずれも結実しませんでした。その理由については、「交渉過程で外資は出光の経営権にまで容喙(ようかい)しようとしていき、出光は会社の主義方針や独立を脅かす一切の提携条件を拒否したからだ」（高倉秀二「石油民族資本の確立者・出光佐三」『歴史と人物』一九八三年十月号、一〇五頁）、という指摘がなされています。

次に、石油製品の輸入についてみれば、出光興産は、メジャーズの先導のもとに原油輸入一本槍の消費地精製方式へ突き進む日本の石油業界の主流に対抗して、石油製品輸入も必要であることをさかんに主張しました。これは、精製設備をまだ有していなかった同社の立場を反映したものでありましたが、より根本的には、消費者の選択肢をふやしその便益を最優先させるという、出光佐三の事業理念を具現化したものだったのです。一九五〇～五一年に出光佐三は、「原油のみでなく製品にも外貨を与え、広く世界各地から原油と製品を輸入し、その選択は消費者に委ねよ」、「外油の独占より免れた公正な自由競争の市場をつくり、優良安価な石油を流入させて、日本の産業復興を促進すべし」、などと力説したのです（前掲『出光略史』四二頁）。

出光佐三の主張を実践に移すべく出光興産は、一九五二年五月にアメリカから高オクタン価のガソリンを輸入、販売し、好評を得ました。続いて一九五三年五月に出光興産は、イギリス系石油会社（アングロ・イラニアン。のちのブリティッシュ・ペトロリアム＝ＢＰ）の国有化問題でイギリスと係争中であったイランに、自社船の日章丸二世をさし向け、大量の石油を買い付けて国際的な注目をあびました。世界の耳目を集めたこの「日章丸事件」について、『出光略史』は、次のように記述しています。

「これは世界的な石油資源国であるイランと、消費地日本とを直結せんとして敢行された壮挙であって、その結果は年間数百億円にものぼる国内製品の値下がりをもたらし、消費者に多大の利益を与えた。イギリスのアングロ・イラニアン会社は日章丸積取り石油の仮処分を提訴したが、東京地裁、同高裁で却下され、出光勝訴のうちに落ちついたのである。イギリスの強圧に屈しなかった出光のこの毅然たる態度は、敗戦によって自信を失っていた一般国民に自信と勇気を与えた（その後昭和二十九年［一九五四年…引用者］にはイラン国際合弁会社が設立されて、同国からの輸入はとだえた）」（四六頁）。

「日章丸事件」を通じて出光興産に対する社会的認知度は著しく高まりましたが、そのイメージのコアとなったのは、圧倒的な支配力を有するメジャーズに果敢に挑戦する「民族系石油会社の雄」という姿でした。

しかしながら、「国際カルテルの妨害と圧迫は依然として続き、政府もまた原油輸入、国内精製主義を強化したので、製品輸入はいよいよ困難となってきた」（前掲『出光略史』四六頁）のです。ついに、出光興産も消費地精製方式への転換を余儀なくされ、紆余曲折を経て一九五七年三月に、自前の製油所である徳山製油所を完成させました。ただし、徳山製油所の竣工後も出光佐三がメジャーズに挑戦する姿勢はなんら変わらなかったのであり、出光興産が一九六〇年四月にソ連原油の輸入を開始するなど、出光佐三による外側からの挑戦は継続したのです。

メジャーズに果敢な挑戦を続けた出光興産は、一九五〇年代を通じて、日本の石油市場におけるシェアを著しく伸長させました。具体的な数値をあげれば、出光興産の販売シェアは一九五〇年度の八・六％から一九六〇年度の一四・三％へ、精製能力シェアは一九五五年度の〇％から一九六〇年度の一三・七％へ、それぞれ上昇したのです。このような出光興産の急成長は同業他社にとって大きな脅威だったのであり、一九六二年の第二次石油業法の制定に際して、メジャーズ系の一部を含む日本の石油業界の相当部分が、同法による「出光封じ込め」を企図したことは、すでに述べたとおりです。

出光が直面した二つの限界

出光佐三によるメジャーズへの挑戦は、一九六〇年代初頭まではめざましい成果をあげました。しかし、この挑戦には二つの点で限界があったことも、また事実です。

一つは、一九六二年の第二次石油業法の制定以降、日本の石油市場における出光興産のシェアの伸長が、頭打ちを示すようになったことです。出光佐三は、もちろん、第二次石油業法の制定に徹底して反対しました。同法制定後も出光興産は、第二次石油業法をバックにおく石油業界の生産調整方式に反発して、一九六三年一一月から一九六六年一〇月にかけて石油連盟を脱退するなどの強硬措置を講じました。しかし、大局的にみれば、これらの抵抗は、大きな効果をあげることはありませんでした。先に述べたように、第二次石油業法の制定は、出光興産の自由な活動を制約するための手段となったのです。

いま一つは、一九五〇年代のシェアの急伸期も含めて、出光興産の収益性が不安定ないし低位だったことです。出光興産の収益力の弱さは、長期にわたって継続しました。とりわけ、非アラムコ系の同社がアラムコ格差で受けた打撃は大きく、一九八〇年度の出光興産の為替差益を除く経常損失は、一〇九六億円に達しました。例えば、一九九四年度の日本の石油会社のランキングにおいて、出光興産が売上高では第一位を占めながら経常利益では第九位にとどまっていたことは、まことに象徴的であり、東燃の場合とまさに好対照だったと言えます。

この章でみてきましたように、第二次世界大戦直後の苦難を乗り越えた日本の石油産業は、高度経済成長期に「石油の時代」が到来すると、急激な成長をとげて、わが国の基幹産業の一つとなるまでに巨大化しました。しかし、その過程で、日本石油産業には、序章で指摘したような構造的な二つの弱点（㈠上流と下流の分断、および㈡石油企業の過多・過小）が定着するようになりました。

基幹産業としての巨大化は、戦後日本石油産業の光の側面を映し出します。一方で、一九六二年の第二次石油業法制定が拍車をかけた脆弱性の構造化は、戦後日本石油産業の影の側面を示すものです。

量的拡大と質的脆弱化が交錯するなかで、結局のところ、わが国では、ナショナル・フラグ・オイル・カンパニーは、出現しませんでした。なぜ、そうなったのでしょうか。次章では、三人の人物の行動に光を当てることによって、その理由を探ることにします。

編者注

※ガリオァ資金＝占領地救済資金。第二次世界大戦後アメリカ政府が、占領行政の円滑化を図ることをねらいに支出した援助資金。

※マーシャルプラン＝第二次大戦後、アメリカ国務長官ジョージ・マーシャルの提案に基づき、一九四八年から五一年まで実施された、欧州経済の復興を目的とする援助計画。

※ペタジュール＝エネルギー量を示す単位。ペタジュールは一〇の一五乗ジュール。原油kl に換算する場合は、ペタジュールの数字に〇・〇二五八を乗じると原油換算一〇〇万kl となる。

※「エクソン・バルディーズ号」事故＝一九八九年三月にタンカー「エクソン・バルディーズ号」が起こした大規模な油流出事故。この事故を契機に、一九九〇年一一月に第一六回国際海事機関（ＩＭＯ）総会で、大規模油流出事故への対応にむけ国際的な協力体制を確立するため「油による汚染に関わる準備、対応及び協力に関する国際条約」（ＯＰＲＣ条約）が採択された。

※支那＝第二次世界大戦終了まで、日本は中国を支那と呼称することが多かった。

※台湾＝一八九五年に清国（中国）から日本に割譲され、一九四五年に解放されるまで日本の植民地だった。

第三章　三人の英雄／エンリコ・マッティ、出光佐三、山下太郎

第一節　石油人に学ぶ／同じ敗戦国で道が分かれた理由（わけ）

なぜ三人に注目するのか

本書の序章で述べたように、日本とイタリアは、ともに第二次世界大戦の敗戦国で非産油国・石油輸入国でありながら、今日、石油産業に関する企業体制の面で、対照的な状況におかれています。イタリアには、ナショナル・フラッグ・オイル・カンパニーの代表格であり、メジャーズに準ずる国際競争力をもつ垂直統合企業Ｅｎｉ（Ente nazionale idrocarburi, イタリア炭化水素公社）が存在します。一方、日本では、ナショナル・フラッグ・オイル・カンパニーは存在せず、上流・下流の分断や過多・過小の企業乱立が継続して、国際競争力をもつ石油企業はいまだに登場していない状況です（なお、ナショナル・フラッグ・オイル・カンパニーの定義については、本書の序章参照）。

この章では、このような石油産業における日本とイタリアの差異が、企業家活動のあり方の違いを一つの要因として生じたことを明らかにします。イタリア側の企業家として取り上げるのは、Ｅｎｉの生みの親であり、国民的英雄として慕われながら、航空機事故で謎の死を遂げ、カンヌ映画祭グランプリ受賞映画「黒い砂漠」

のモデルともなったエンリコ・マッティ（Enrico Mattei）です。日本側で取り上げるのは、戦後の代表的な石油企業家としてしばしば言及される、「民族系石油会社の雄」と呼ばれた出光興産の出光佐三と、「アラビア太郎」と呼ばれたアラビア石油の山下太郎です。

エンリコ・マッティと出光佐三は、いずれも、イギリス系メジャーのアングロイラニアン・オイルの資産を国有化したイラン政府と直接取引し、ソ連石油の輸入販売を成功裏に断行しました。また、エンリコ・マッティと山下太郎は、いずれも、非産油国・石油輸入国の企業家として、海外での大規模油田の開発に成功しました。出光佐三と山下太郎は、石油企業家として、大きな成果をあげたことは事実です。

しかし、出光佐三と山下太郎の企業家活動からは、エンリコ・マッティの企業家活動がもたらしたようなナショナル・フラッグ・オイル・カンパニーは生まれませんでした。エンリコ・マッティの企業家活動と出光佐三・山下太郎の企業家活動とでは、どこがどう違っていたのでしょうか。この章では、この点の解明に力を注ぎます。

ここでは、エンリコ・マッティ、出光佐三、山下太郎の企業家活動を、それぞれが活躍の舞台とした企業（Ｅｎｉ、出光興産、アラビア石油）の発展過程と関連させて検証します。続いて、それらの分析をふまえて、石油産業における日伊間の差異がなぜ生じたかを考察します。そして、最後に、今後の日本において、ナショナル・フラッグ・オイル・カンパニーが登場する可能性について展望します。

国際石油資本に挑戦したＥｎｉ

敗戦国で非産油国・石油輸入国のイタリアで、典型的なナショナル・フラッグ・オイル・カンパニーであるＥｎｉが成立しえたのは、エンリコ・マッティの企業家活動によるところが大きいのです。ここでは、エンリコ・マッティの企業家活動を、Ｅｎｉの発展過程と関連させて検証します。

イタリアでは、一九五三年に、国営石油企業のＡＧＩＰ（Azienda Ganerale Italiana Petroli）とガス配給企業のＳＮＡＭ（Societa Nazionale Metanodotti）が統合する形で、一〇〇％国有の石油・天然ガス持株会社Ｅｎｉが設立されました（この結果、ＡＧＩＰとＳＮＡＭは、Ｅｎｉの子会社となりました）。ＡＧＩＰは石油・天然ガス開発会社として一九二六年に、ＳＮＡＭは天然ガス輸送会社として一九四一年に、それぞれ、当時の※ムッソリーニ政権によって設立された国策企業です。一九四三年にムッソリーニ政権が崩壊したため、ＡＧＩＰは戦後になって会社清算を命じられましたが、後述するような管財人エンリコ・マッティの活躍によって清算を免れ、ＳＮＡＭと統合し、Ｅｎｉとして再生の道を歩むことになったのです。

会社設立とともに国内陸上ガス探鉱に排他的な権利を有することになったEniは、ポー川流域の天然ガス開発によって急成長をとげ、一九五〇年代末からはエジプトやイランなどへも進出して油田やガス田を発見しました。この結果、Eniの業績は好転し、一九六〇年代にはイタリア政府の歳入増に貢献するようになりました。そして、「ENIは60年代末には国内のガス100億m³/年の他、アフリカ・中東等の海外を主とする原油1000万トンおよび石油製品3500万トンの年産を挙げる一貫操業の国際石油企業になるとともに、パイプラインやプラントの建設、機械製造、繊維等を含む多数の会社を傘下に持つ一大コンツエルンとしてイタリア産業界のチャンピオンとなっていた」（津村光信『西欧主要国政府の自国石油産業育成』、一九九九年、三頁）のです。なお、イタリア政府は、Eniに出資はしたものの、同社に対して助成金を支給することはありませんでした。

EU（欧州連合）統合への準備作業の一環としてイタリア政府は、一九九二年に、Eniを逐次民営化する方針を打ち出しました。Eni株の民間への放出は一九九五年から開始され、二〇〇二年末にはイタリア政府のEni株式の保有比率は約三〇%にまで低下したのです。

Eniは、一九九七年にAGIPを合併して、持株会社から事業会社に性格を変え、それ自体が、国際的な石油・天然ガス一貫操業企業となりました。その一九九九七年にＥｎｉが原油生産で実績をあげた主要な海外の国々は、エジプト、リビア、ナイジェリア、コンゴ、アンゴラ、イギリスなどでした。

エンリコ・マッティの原点、反ファシズム／レジスタンス

Ｅｎｉは、エンリコ・マッティのリーダーシップにもとづいて、設立されました。Ｅｎｉを成長軌道に乗せたのも、同社の初代総裁に就任したマッティでした。

エンリコ・マッティに関しては、アメリカ人ダウ・ヴォトーが著した評伝が存在します（Votaw, Dow, The Six-Legged Dog, University of California Press, Berkeley and Los Angels,.1964）。ただし、この評伝は、マッティを一貫して批判的に描いたユニークなものであり、日本語版の刊行に際しては、翻訳者の伊沢久昭が、起こりうる読者の誤解を避けるために、わざわざマッティの足跡をより客観的に記した長文の「解説」を寄せたほどです（伊沢久昭「解説」、Ｄ・ヴォトー著伊沢久昭訳『世界の企業家７　マッティ－国際石油資本への挑戦者－』河出書房新社［Votaw 前掲 The Six-Legged Dog の邦訳書］、一九六九年）。

ヴォトーによれば、イタリア人は、もう一つの代表的な公企業であるＩＲＩ（Istitute per la Ricostruzione Industriale, 産業復興公社）については会社であるとみなしていたが、Ｅｎｉについてはマッティそのものであるととらえていたそうです。

まず、Ｅｎｉの誕生それ自体が、前身のＡＧＩＰの管財人であったマッティの強い主張によるものでした。マッティは、ポー川流域に天然ガスの大型鉱床が存在するとの情報に接すると、ＡＧＩＰの清算をとりやめ、むしろ探鉱活動を積極的に行い、その成功がＥｎｉ創設をもたらしたのです。また、Ｅｎｉが石油・天然ガス産業における垂直統合企業として発展したのも、広汎な関連産業へ多角化したのも、マッティの方針にもとづくものでした。その結果、突然の死を迎えることになった一九六二年の時点で、マッティは、Ｅｎｉの総裁であったばかりでなく、Ｅｎｉグループを構成する主要企業の大半の社長も兼ねていました。

エンリコ・マッティは、一九〇六年に北イタリアのマルケ州アッカラーニャで生まれました。父は憲兵将校でしたが、家庭は裕福ではなく、エンリコ・マッティは一五歳で学業を断念し、塗装工、製靴工場給仕・支配人、工業設備セールスマンなどになって働いたのです。やがて、一九三六年には小規模な化学会社を設立するにいたりましたが、第二次世界大戦の戦火が深まったのを受けて、会社経営から離れ、キリスト教民主党系の反ムッソリーニ・反ファシズムのレジスタンスに身を挺しました。「苦難に満ちたレジスタンス活動の経験は、マッティに多くのものを与えた」（伊沢前掲「解説」二三五頁）と言われていますが、組織者・指導者としての能力の養成、のちのＥｎｉ成長のプロセスで威力を発揮することになった人脈の形成、

Ｅｎｉ総裁に就任したのちも継続した左翼陣営からの支持などは、その最たるものでした。

一九五三年のＥｎｉ設立後、エンリコ・マッティは、イタリアの「奇跡の復興」の象徴的な存在として、獅子奮迅の活躍をとげました。そのマッティの死は、あまりにも早く、一九六二年一〇月二七日に突然訪れます。彼の乗った自家用機が、ミラノのリナーテ空港に到着する寸前、濃霧のなかで墜落したのです。マッティの死は、彼がメジャーズや国内マフィアと対立していたことから、様々な憶測を呼びました。マッティの死を題材にしたイタリア映画 Il Caso Mattei（※フランチェスコ・ロージ監督、一九七二年、邦題『黒い砂漠』）は、大きな話題を呼び、一九七二年度のカンヌ映画祭グランプリ（パルム・ドール）を獲得したのです。

Ｅｎｉを率いたエンリコ・マッティの活動は、「一面において、国際石油資本への挑戦であるといっても過言ではない」（伊沢前掲「解説」二六二頁）とされています。彼のメジャーズへの挑戦は、次の五点において明らかでした。

第一は、一九五三年のＥｎｉ設立のきっかけとなったポー川流域の天然ガス開発において、メジャーズの動きを封じ込めたことです。イタリアでは、戦前からニュージャージー・スタンダード（一九七二年にエクソンと改称）、ロイヤル・ダッチ・シェル、アングロイラニアン・オイル（一九五二年にブリティッシュ・ペトロリアムと改称）などのメジャーズが強い地盤を有しており、これら各社は、ポー川流域のガス田開発利権の獲得をめざしました。しかし、マッティは、イタリア政府に強く働きかけ、この利権をＥｎｉが確保することに成功したのです。

第二は、一九五七年にイラン政府と、利益配分イラン側七五対Ｅｎｉ側二五の石油開発利権協定を締結することによって、メジャーズの海外石油開発戦略に打撃を与えたことです。当時、メジャーズは、資源ナショナリズムの高まりを受けて、石油開発利権協定の締結にあたって、五〇対五〇の利益配分方式を中東でしぶしぶ認め始めたところでした。マッティの決断でＥｎｉが導入した七五対二五の新しい利益配分方式は、産油国の資源ナショナリズムをさらに勢いづかせるものであり、メジャーズにとって大きな脅威となったのです。

第三は、Ｅｎｉが一九五九年にソ連原油の大量輸入を開始したことです。伊沢によれば、当時、「国際石油資本は、ソ連石油が自由世界に進出してくることに対して極度に神経をとがらせていた」（伊沢前掲「解説」二六三頁）。マッティがソ連原油の輸入を決断したのは、Ｅｎｉの原油処理量を増やすためと、生産コストを低減させてそのメリットを消費者に還元するためでしたが、マッティの行動は、メジャーズの強い反発を招くことになったのです。

第四は、Ｅｎｉグループに属するアニッチとニュージャージー・スタンダードとの合弁会社であるスタニッチ石油工業の運営をめぐって、ニュージャージー・スタンダードと激しく対立したことです。ニュージャージー・スタンダードの契約不履行（精製技術に関するノウハウの不提供）を理由に損害賠償を請求する訴訟を起こしたマッティは、一時、スタニッチ石油工業の解散準備を進めるなど、ニュージャージー・スタンダードとの対決姿勢を強めました（この紛争は、マッティの死後、一九六三年に解決をみました）。

第五は、イタリア政府に働きかけて、一九六〇年に、イタリア国内の石油製品市場において、Ｅｎｉに有利でメジャーズに不利な価格決定方式を導入させたことです。伊沢によれば、「これによって、イタリア市場において、国際石油資本は著しく不利な立場に追込まれたのである」（伊沢前掲「解説」二六四頁）。

Ｅｎｉを率いたエンリコ・マッティの活動の特徴は、メジャーズへの挑戦だけに限られていたわけではありませんでした。彼の活動のもう一つの特徴は、Ｅｎｉが国有企業であったにもかかわらず、イタリア政府との関係において、つねに主導権を保ち続けたことに求めることができます。ヴォトーは、マッティが活躍した時代において、イタリア政府が国有企業であるＥｎｉに与える影響は、アメリカ政府が民間企業であるニュージャージー・スタンダードに及ぼす影響よりもはるかに小さかった、と記しています（Votaw, op. cit., The Six-Legged Dog, p.2）。また、伊沢は、この点について、さらに詳しく、次のように説明しています。

「マッティによって設立され、率いられるエニ（Ｅｎｉのこと…引用者）が民間企業であるならば、事業家による企業の設立ということで、とくに異とするに当たらないが、国家資本を導入した公企業を設立したところに特異性がある。一般に、公企業は、特定の個人が設立し、自分の思いのままに動かすべきものではない。この原則を破ったマッティは、公的機関を私物化したとのそしりを免れない。しかし、かれがエニの経営を通して権力欲を満す場合、私利私欲の追求のみに走らず、エネルギー不足の緩和というイタリアの国民的願望に応える方向をたどったことは、マッティのためにも、イタリアのためにも幸いなことであった」（伊沢前掲「解説」二四四頁）。

ここまでの検証から、戦後のイタリアで国際競争力をもつナショナル・フラッグ・オイル・カンパニーであるＥｎｉが誕生したのは、強烈な個性をもつエンリコ・マッティの企業家活動によるものだったことは、明らかです。それでは、戦後の日本には、マッティと比肩しうる石油企業家は存在したのでしょうか。次に、この点を掘り下げることにしましょう。

軍部の石油統制に抵抗した出光佐三

戦後の日本の石油業界においても、イタリアのエンリコ・マッティと対比しうる企業家がいなかったわけではありません。誰もがすぐに想い起こすのは、エンリコ・マッティと同様に、イラン政府と直接取引するとともに、ソ連原油の輸入を成功裏に断行した出光佐三でしょう。ここでは、改めて出光佐三の企業家活動を、出光興産の発展過程と関連させて検証します。

日本中の主要都市が灰燼に帰した第二次世界大戦での敗戦からわずか八年後の一九五三年、出光佐三率いる出光興産は、イギリス系メジャー、アングロイラニアン・オイルの国有化問題でイギリスと係争中であったイランに、自社船の日章丸二世をさし向け、大量の石油を買い付けて国際的な注目をあびました。

敗戦ですっかり打ちひしがれていた当時の日本国民にとって、連合国の中心的な一角を占めたイギリスに正面から堂々と立ち向かって勝利をおさめた出光興産の「日章丸事件」は、まさに奇跡的な出来事でした。日章丸の奇跡は、出光佐三を戦後の日本で最も人気のある経営者の一人に一挙に押し上げるとともに、日本経済全体の奇跡の復興、すなわち、一九五〇年代半ばから始まる高度成長の呼び水の一つともなりました。

一八八五年に福岡県で生まれた出光佐三は、一九〇五年に入学した神戸高等商業で内池廉吉から、商業の社会性について、投機的商人は今後不必要となり、生産者と消費者の間にあって社会的責任を果たす配給者としての商人のみが残る、との教育を受けました。この内池の教えに深い感銘を受けた出光佐三は、のちに、「生産者から消費者へ」、「大地域小売業」、「消費者本位」などの諸点を掲げ、消費者の便益を最優先させることを自らの事業理念とするようになりました。

出光佐三は、神戸高商を卒業してから二年後の一九一一年に独立して、石油類の販売に携わる出光商会を創設します。その際、独立資金を提供したのは、神戸高商時代に知遇を得た淡路の資産家、日田重太郎でした。

出光興産創業者・出光佐三店主

第一次世界大戦の直前に設立された出光商会は、その後、日本の勢力圏とその周辺の東アジア地域を中心にして、出光佐三が掲げる「大地域小売業」の方針を実行し、「大陸の石油商」として成長をとげました。具体的にみると、同商会は、一九一六年に満州、一九一九年に北支とシベリア、一九二〇年に朝鮮、一九二二年に台湾、一九三五年に中支、一九三六年に南支、一九三八年に※蒙疆（もうきょう）、一九四三年に香港で、それぞれ支店を開設したのです。その間、出光商会は一九二四年と一九二七年に資金難に直面しましたが、それを克服することができたのは、二十三銀行とその後身の大分合同銀行から特別融資を受けることに成功したからでした。

一九四五年の第二次世界大戦での日本の敗北により出光商会は、すべての在外支店を喪失するという大きな打撃を受けました。それでも同商会は、一九四七年に子会社の出光興産に事業を継承する形で再出発し（その時点で出光佐三は、オーナー経営者として、出光興産の社長もつとめていました）、一九四七年に石油配給公団の販売店に指定されたのに続いて、一九四九年には元売業者にも指定されました。ただし、出光興産の元売業者指定に関連しては、それに反発した開店以来の親会社、日本石油が従来の関係を絶つ事態も発生しました（もともと出光商会は、日本石油の特約店でした）。

出光佐三と彼が社長をつとめる出光興産は、外資と提携しない「民族系石油会社の雄」として、一九五三年の「日章丸事件」に示されるように積極果敢な経営戦略を展開しました。その後出光興産は、石油精製業に進出し、東京銀行や東海銀行の資金的援助を受けながら、一九五七年の徳山製油所の建設、一九六二年の日章丸三世の建造、一九六三年の千葉製油所の建設など、設備投資を活発に遂行したのです。

そして出光佐三は、一九六六年に出光興産会長となり、一九七二年に同職を退いたのち、一九八一年に死去しました。

前章でもふれましたように、出光佐三は、日本で最も人気のある石油業経営者です。その第一の理由は、彼が、「民族系石油会社の雄」として、メジャーズに真っ向から挑戦した点に求めることができます。

戦前から始まっていた出光佐三のメジャーズへの挑戦は、戦後になって、さらに勢いを増しました。占領期に日本の石油業界の主流が外資提携と消費地精製（原油輸入精製）へシフトしたのに対して、出光興産は、外資と提携せず、石油製品の輸入を重視する方針をとりました。石油製品について、海外で精製後輸入したものと国内で精製したものと、どちらが価格面などで消費者の便益にかなうかは、一概には言えません。欧米諸国におけるメジャーズ以外のインディペンデントと呼ばれる石油企業の動向、産油国における石油下流事業の展開の度合いなどによって、状況は変わりえます。しかし、いずれにしても、輸入品を選択するか国内精製品を選択するかは消費者の裁量によるべきであり、あらかじめ選択肢を国内精製品のみに限定するのは、消費者の便益に反するというのが、出光佐三の考えでした。

出光佐三の主張を実践に移すべく出光興産は、一九五二年にアメリカから高オクタン価のガソリンを輸入、販売し、好評を得ました。前掲の『出光略史』によれば、

「当時国内で精製販売されていたガソリンはオクタン価を無視したものであったが、出光によって輸入されたガソリンは七十七オクタンもあり、（中略）品質も優良でしかも値段が安いことがわかって、アポロガソリンの名声は全国に喧伝せられた」のです（四五‐四六頁）。続いて出光興産は、翌一九五三年にはイラン石油を大量輸入して「日章丸事件」を引き起こしましたが、これが「消費者に多大の利益を与えた」ことは、すでに紹介したとおりです。

消費地精製方式をとらざるをえなくなって徳山製油所を竣工させたのちも、出光佐三は、メジャーズに挑戦する姿勢をとり続けました。出光興産が一九六〇年にソ連原油の輸入を開始したのは、その現われでした。

出光佐三が人気を博する第二の理由は、彼が、日本政府による規制に終始抵抗したアントゥルプルヌアー（企業家）だった点に求めることができます。

戦前の出光商会は、東アジアの旧日本軍の勢力圏を中心に店舗展開しましたが、このことは、出光佐三が軍部の追随者であることを意味するものでは決してありませんでした。それどころか彼は、政府や軍部の石油統制に抵抗する姿勢を一貫してとり続けました。出光佐三は、一九三五年の満州における石油専売制や一九四三年の日本国内での石油専売法に、強く反対しました。また、一九三八年の国策会社大華石油の設立や、一九四一年の北支における石油配給機構、北支石油協会の設立に対しても、激しく抵抗したのです。このような出光の行動は、「寄合世帯の国策会社、統制会社、組合等」が林立し、「法律・機構による軍部および官僚の運営がはじまる」と、「当然の結果として企業の真の経営活動は失われていく」という、危機感にもとづくものでした（前掲『出光略史』二三、五六頁）。

石油統制に反対する出光佐三の行動は、当初、旧日本軍の内部に強い反出光感情を引き起こしました。しかし、占領地での出光社員の効率的な働きぶりを目の当たりにするうちに、軍部の出光に対する評価は、徐々に変化していったのです。中支や南方では出光佐三の意見を入れて大規模な石油配給機構を設立しなかったこと、一九四三年に北支石油協会を大幅に簡素化して配給面を出光に一任したことなどは、最終的には軍部が、民間企業としての出光の活力を高く評価するようになったことを示しています。

第二次世界大戦の終結後も出光佐三は、日本政府による石油産業への介入に対抗する姿勢をとり

終戦後の出光本社

続けました。中東原油の大幅増産を背景にメジャーズが消費地生産方式の採用へ方針転換したことを受けて、日本政府は戦後、石油製品の輸入を厳しく制限するようになりましたが、これに対して出光佐三は、一九五〇年に強く抗議したのです。結局、この抗議は受け入れられず、出光興産は一九五七年に徳山製油所を新設して輸入原油の精製へ進出することを余儀なくされましたが、今度は政府による石油精製業の統制に対して出光佐三は反発するようになりました。一九六二年の第二次石油業法の制定に最後まで反対したこと、通産省の行政指導の装置となっていた石油連盟（日本における石油精製・販売業の業界団体）から出光興産が一九六三年に一時的に脱退したことなどは、それを端的に示す出来事でした。

既に述べたように、第二次石油業法は、現実には、日本の石油市場で当時急速にシェアを伸ばしつつあった出光興産を封じ込めるためのものでした。出光佐三が社長をつとめた時代の出光興産は、その存在自体が規制へのアンチテーゼ（対立命題）だったのです。

カフジ油田を掘り当てた男・山下太郎とアラビア石油

戦後の日本の石油業界においては、出光佐三以外にも、エンリコ・マッティと対比しうる企業家が、もう一人存在しました。中東での石油開発に成功し、「アラビア太郎」と呼ばれた、アラビア石油の山下太郎が、その人です。ここでは、山下太郎の企業家活動を、アラビア石油の発展過程と関連させて検討します。

一九六〇年、アラビア石油は、サウジアラビアとクウェートとのあいだの中立地帯において、カフジ油田の試掘第一号井で原油を掘り当てるという快挙をなしとげました。この快挙について、アラビア石油が一九九三年に刊行した同社の三十五年史は、次のように述べています。

「カフジ油田の発見がいかに幸運に恵まれていたかは、油田開発の歴史と統計をみるとよくわかる。試掘による商業油田発見の成功率は、近年の世界統計によるとおよそ3％といわれている。（中略）だが、カフジ油田は最初の1坑で油田を掘り当てたのだ。しかも、カフジ油田の埋蔵量は世界有数のものであった。（中略）カフジ油田の生産開始前埋蔵量を油田ランキングでみると、世界30位である（石油公団・石油鉱業連盟共編『石油開発資料1992』による）」（アラビア石油株式会社『湾岸危機を乗り越えて　アラビア石油35年の歩み』、一九九三年、四七頁）。

アラビア石油によるカフジ油田開発の成功は、戦後初の海外における「日の丸原油」の獲得を意味するものであり、大きな国民的反響を呼びました。また、カフジ油田開発の有望性については、ヴォトーが、一九六〇年代初頭の時点では、Ｅｎｉ

の海外油田開発の将来性を上回っていたという、高い評価を与えています（Votaw, op. cit., The Six-Legged Dog, p.19.)。

カフジ油田の開発に成功したアラビア石油は、同社初代社長となった山下太郎のリーダーシップによって、一九五八年に設立されました。一八八九年に秋田県で生まれた山下は、一九一二年に東北帝国大学農科大学（札幌に所在。札幌農学校の後身）を卒業後、山下商会を創設し、南満州鉄道などの社宅建設などで巨利を博して、戦前は「満州太郎」と呼ばれました。しかし、彼は、敗戦で旧満州での事業資産をすべて喪失することになったのです。

アラビア石油初代社長、山下太郎氏

戦時中に「石油の一滴は血の一滴」であることを思い知った山下は、再起をかけて、一九五六年に石油の加工貿易に携わる日本石油輸出株式会社を創設しました。しかし、「日本で精製された石油製品は世界のメジャー・オイル各社のかたい販売網の壁にさえぎられて、なかなか思うように輸出できなかった」（前掲『湾岸危機を乗り越えて　アラビア石油35年の歩み』三一頁）のです。

メジャーズの前に一敗地にまみれた山下に失地回復のチャンスが訪れたのは、一九五七年のことでした。サウジアラビア政府が、民族意識の高まりを受けて、自国の石油開発利権を非アングロサクソン系諸国、とくに日本へ開放する用意があるとの情報がはいったのです。サウジアラビア政府は、当初、フランスへの利権提供を想定していましたが、一九五六年のスエズ動乱でフランスとアラブ諸国との関係が悪化したため、日本に白羽の矢が立つことになりました。山下は、このチャンスにすばやく反応し、電光石火の行動で、一九五七年中に、サウジアラビア政府とのあいだで中立地帯沖合の石油開発利権協定を締結したのです。さらに、山下は、翌一九五八年には、この協定を遂行する担い手としてアラビア石油株式会社を設立し、自ら初代社長に就任するとともに、中立地帯のもう一つの当事国であるクウェートとのあいだでも、石油開発利権協定を締結しました。そして、一九六〇年のカフジ油田試掘第一号井の成功へと結びつけた山下は、今度は、「アラビア太郎」と呼ばれるようになったのです。

ここで注目すべき点は、アラビア石油に対しては日本政府の出資は行われず、同社は純粋な民間会社として設立されたことです。この点で、アラビア石油は、イタリアのＥｎｉと異なっていましたし、一九六七年の石油開発公団（一九七八年に石油公団と改称）創設後次々と誕生した日本の多くの石油開発企業とも違っていました。たしかに、日本政府はアラビア石油に対して間接的な支援を行ったから、出光興産の場合とは異なり、アラビア石油の場合には、政府との関係は対立的ではありませんでした。しかし、諸外国のナショナル・フラッグ・オイル・カンパニーのケースに比べれば、政府によるアラビア石油への支援は限定的なものにとどまったことは、事実です。

アラビア石油がカフジ油田の生産を開始したのは一九六一年のことでしたが、それから六年後の一九六七年に山下太郎は死去しました。山下の死後、アラビア石油のトップマネジメントは通商産業省の出身者が占めるようになり、「天下り」の弊害が顕在化して、同社は、当初もっていた民間企業としての活力を徐々に失っていきました。アラビア石油は、中立地帯以外の石油開発で成果をあげることもなかったし、石油産業の下流部門へ本格的に展開することもありませんでした。また、電力会社やガス会社と戦略的に提携して、総合エ

カフジ原油初出荷記念式典

ネルギー企業をめざすこともなかったのです。

アラビア石油の活力の喪失は、結局、大きな事業上の後退をもたらすことになりました。サウジアラビア政府との利権更改交渉が暗礁に乗り上げ、二〇〇〇年にアラビア石油は、カフジ油田を含む中立地帯におけるサウジアラビア所有分の石油開発利権を喪失することになったのです。もし、アラビア石油が活力を維持し、㈠水平統合に立脚したより大規模な石油開発企業であり、中立地帯以外でも有力な油田をいくつか保有していたのだとすれば、㈡石油下流にも展開する垂直統合企業であり、サウジアラビア側に同国産の石油・天然ガスの確実な販路を保証しえたのだとすれば、㈢電力会社やガス会社と戦略的に提携した総合エネルギー企業であり、やはりサウジアラビア側に確実な販路を保証しえたのだとすれば、アラビア石油のバーゲニングパワーは著しく高まり、サウジアラビア政府との交渉の帰趨も、現実とはかなり異なったものになったことでしょう。

二〇〇〇年のアラビア石油・サウジアラビア政府間の利権更改交渉においては、日本政府が資源外交を展開し、アラビア石油を本格的に支援するという事態は生じませんでした。もし、アラビア石油が創業当初の活力を維持し、ナショナル・フラッグ・オイル・カンパニーへ成長していたならば、日本政府の姿勢も、現実とはかなり異なったものになっていたのではないでしょうか。その後、アラビア石油は、二〇〇三年にカフジ油田を含む中立地帯におけるクウェート所有分の石油開発利権も喪失し、事業規模を縮小することになりました。

要するに、アラビア石油の利権喪失は、日本にナショナル・フラッグ・オイル・カンパニーが存在しないことがもたらした「悲劇」だったのです。

日伊の命運を分けた「垂直統合」の成否

ここまで、エンリコ・マッティ、出光佐三、山下太郎の企業家活動を、それぞれが活躍の舞台としたＥｎｉ、出光興産、アラビア石油の発展過程と関連させて、検証してきました。彼ら三人は、いずれも企業家精神あふれる石油業経営者であったばかりでなく、敗戦国において、メジャーズに対して正面から挑戦し、国民的支持を得た点でも共通していました。しかし、彼らの企業家活動の帰結は異なったものとなったのです。マッティの活躍によりイタリアではナショナル・フラッグ・オイル・カンパニーであるＥｎｉが誕生しましたが、出光と山下が活動したに日本では今日までナショナル・フラッグ・オイル・カンパニーが登場することはありませんでした。この日伊間の差異はなぜ生じたのでしょうか。換言すれば、エンリコ・マッティの企業家活動と出光佐三・山下太郎の企業家活動とでは、どこがどう違っていたのでしょうか。

第一の相違は、石油事業に取り組むにあたって追求したビジネスモデルの違いであり、具体的に言えば、マッティが当初から上流から下流までの垂直統合をめざしたのに対して、出光は下流に特化し、山下は上流に特化したこと、つまり、出光と山下は垂直統合をめざさなかったことです。

石油産業では、収益性は高いが安定性が低い上流部門と、収益性は低いが安定性が高い下流部門とを組み合わせて経営することが有利だと言われています。上流部門の安定性が低いのは、原油価格の変動によるものです。原油価格が高水準である場合は、上流部門の収益性は著しく高くなります。しかし、原油価格が低落した場合には、上流部門の収益性は低下し、赤字に転落することもあるのです。ただし、原油価格が低落した場合でも、当該石油企業が下流部門を兼営しているのであれば、石油製品価格の低下がもたらす需要拡大のメリットを享受することができ、収益悪化をある程度防止することができるわけです。メジャーズはもとより、多くのナショナル・フラッグ・オイル・カンパニーが垂直統合戦略をとっているのは、このためです。エンリコ・マッティも、同様の考えにもとづいて、Ｅｎｉを、上・下流両部門に携わる石油・天然ガス企業に育て上げました。

これに対して、出光佐三の場合には、石油産業の上流部門に事業展開する意識はそれほど強くありませんでした。イラン政府と取引する場合でも、彼の関心の中心は石油の買い付けにあり、マッティのように同国で石油開発を行うことにはあまり関心を示さなかったようです。出光が掲げた事業理念が「生産者から消費者へ」、「大地域小売業」、「消費者本位」だったことからわかるように、彼の関心は、下流部門、それもそのなかの石油販売に集中していました。戦前・戦時期に出光商会は、「大陸の石油商」として活動しました。戦後、出光興産が、石油販売事業に加えて、同じ下流部門のなかの石油精製事業に展開したのも、消費地精製方式の採用という日本政府の国策にいわば「強要」されたからでした。その後、出光興産は、一時期、上流部門での事業展開に積極的な姿勢を示しはしたものの、今日まで、基本的には、下流部門に特化する形で事業を展開してきました。これは、石油販売に関心を集中した創業者、出光佐三の事業観を反映したものとみなすことができます。

一方、山下太郎の場合には、石油産業の下流部門に事業展開する意識をほとんど持ち合わせていませんでした。彼の関心は、あくまで、海外での石油開発にありました。そして、その石油開発事業についても、「山下は創業することそれ自体の興味にとりつかれた男だった」（阪口昭「石坂泰三　高度成長期をリードした自由主義財界人」下川浩一・阪口昭・松島春海・桂芳男・大森弘『日本の企業家（4）戦後篇』有斐閣、一九八〇年、六四頁）との指摘がなされていることを想い起こす必要があります。極言すれば、山下の関心は他人が行いえないような事業を「創業することそれ自体」にあり、その対象がたまたま石油開発だったに過ぎないのです。山下のこのような事業観から石油産業における垂直統合戦略が導かれなかったのは、ある意味では、当然のことなのです。

マッティと出光・山下との第二の相違は、自らの企業家活動に当該国政府の協力を取り付けたか否かという点に求めることができます。

海外での石油開発事業を成功裏に進めるためには、資源外交などの本国政府の協力が重要な意味をもつと言われています。この点は、非産油国・石油輸入国のナショナル・フラッグ・オイル・カンパニーにあてはまるだけでなく、メジャーズにさえあてはまります。エンリコ・マッティは、Ｅｎｉを国有企業として育成しつつ、経営の主導権はしっかりと把握したままでした。そして、イタリア政府の資源外交などの協力を受けつつ、海外での石油開発事業を積極的に展開したのです。

これに対して、出光佐三と山下太郎の場合には、彼らの企業家活動に対する日本政府の協力は、けっして十分なものではありませんでした。それどころか、出光と日本政府との関係は、極言すれば、敵対的なものだったのです。既述のように、「出光佐三が社長をつとめた時代の出光興産は、その存在自体が規制へのアンチテーゼ（対立命題）だった」わけです。一九六二年制定の第二次石油業法は、出光興産を封じ込めるためのものだったことを、忘れてはなりません。

山下太郎のアラビア石油に対しても、日本政府は十分な支援を行ったわけではありませんでした。アラビア石油は、政府出資を受けない純然たる民間企業として、海外での石油開発事業に携わったのです。同社は、多くの石油開発企業が石油公団を通じて政府出資を受けてきた日本の石油産業の上流部門において、異例の存在だと言うことができます。そして、純然たる民間企業であることは、二〇〇〇年のサウジアラビア政府との利権更新交渉の際に、アラビア石油にとって、不利に作用しました。日本政府が一民間企業への支援に関して及び腰になり、本格的な資源外交を展開しなかったこともあって、アラビア石油は、石油開発利権を喪失することになったのです。

ここまで見てきましたように、エンリコ・マッティの企業家活動と出光佐三・山下太郎の企業家活動とでは、㈠前者が垂直統合をめざしたのに対して後者はそれをめざさなかった、㈡前者が自国政府の協力を取り付けたのに対して後者はそれを取り付けることがなかった、という二点で、大きく異なっていました。戦後のイタリアでは国際競争力をもつナショナル・フラッグ・オイル・カンパニーが誕生し、日本ではそれが今日まで登場することはなかったことに示される両国間の差異は、マッティと出光・山下との企業家活動のあり方の違いを反映したものだったのです。

日本にナショナル・フラッグ・カンパニーは登場するか

この章では、ともに第二次世界大戦の敗戦国で非産油国・石油輸入国でありながら、有力なナショナル・フラッグ・オイル・カンパニー（Ｅｎｉ）が存在するイタリアと、ナショナル・フラッグ・オイル・カンパニーが存在しない日本との差異がなぜ生じたかを問題にし、その主要な理由の一つが両国における企業家活動のあり方の違いにあることを明らかにしてきました。それでは、今後の日本において、ナショナル・フラッグ・オイル・カンパニーが登場する可能性はあるのでしょうか。

この問題について考える際には、当然のことながら、まず、議論の前提として、日本にとって、はたして、ナショナル・フラッグ・オイル・カンパニーが必要であるのか、という点を検討する必要があります。

石油産業の場合に限らず、一般的に言って、産業の規制緩和や自由化を論じる時には、市場で行動するプレイヤーの役割にも注目することが重要です。一九八〇年代半ば以降の世界的な市場主義の高まりを受けて、一九九〇年代には、石油産業を含むエネルギー産業の分野でも市場の登場と政府の退場とが声高に主張されました。大局的には市場原理の拡大は当然の方向性だと言えますが、他方で、そのことだけを指摘し、「ともかく規制緩和をすればそれで良し」とする姿勢をとることには、看過しがたい難点があることも忘れてはいけません。なぜなら、市場の効能を語る時にはそれを引き出すプレイヤーのあり方についても語る必要があり、プレイヤーの視点を欠いた市場万能論は、多くの場合、政府万能論に匹敵するほどの混乱をもたらすからです。エネルギー産業を対象にして市場原理の拡大を追求する場合にもプレイヤーの視点の導入は避けて通ることのできない手続きであり、エネルギー産業の規制緩和をめぐっては、政府介入を期限つきで活用しながら、政府介入そのものが不要となるように産業の体質を強化する（強靭なプレイヤーを育成する）という、現実的で柔軟な発想をとり入れなければなりません。

石油や天然ガスをめぐる世界市場において注目すべきプレイヤーは、誰もがすぐに思い浮かべるメジャーズや産油国の国策石油企業だけではありません。石油業界では、非産油国・石油輸入国のナショナル・フラッグ・オイル・カンパニーが、メジャーズや産油国国策石油企業と肩を並べるほどの重要な役割をはたしています。メジャーズが本拠地をおかず、産油国でもないような国々においてナショナル・フラッグ・オイル・カンパニーが存在するという事実は、エネルギー面でのナショナル・セキュリティをいかに確保すべきかという問題に解答を与えるうえできわめて示唆的です。端的に言えば、ナショナル・フラッグ・オイル・カンパニーという世界市場で活躍する強靭なプレイヤーを擁することが、石油・天然ガスの供給を輸入に依存する非産油国・石油輸入国にとって、基本的なエネルギー安全保障策の一つとなっているのです。そして、このことは、日本の場合にも、そのままあてはめることができます。つまり、日本にとって、ナショナル・フラッグ・オイル・カンパニーを擁することは、発展しつつある石油・天然ガスの世界市場から効能を引き出し、エネルギー面でのナショナル・セキュリティを確保するうえで、是非とも必要な措置なのです。

それでは、今後、日本においても、ナショナル・フラッグ・オイル・カンパニーが登場する可能性はあるのでしょうか。本書の結論を先取りすれば、この問いに対しては、肯定的に答えることができます。

序章で紹介したＰＩＷの世界石油企業上位五〇社ランキングの二〇〇一年に関するものによれば、日本の石油企業である日石三菱は、下流に関するランキングにおいて、Ｅｎｉ（一七位）を上回る一三位を占めました。しかし、日石三菱は、上流部門の事業展開に限界があったため、総合順位では、ＰＩＷの上位五〇社ランキングに登場しませんでした。この事実は、現時点における日本の石油産業の弱点が、「上流・下流の分断」および「上流部門の脆弱性」という二点にあることを端的な形で示しています。

このうち、石油産業の「上流部門の脆弱性」については、厳密に表現すれば、「上流部門における過多・過小の企業乱立」ということになります。日本の場合、過多

・過小の企業乱立は、長いあいだ、下流部門においても存在していました。しかし、特定石油製品輸入暫定措置法（特石法）廃止や石油業法廃止など規制緩和が進むなかで、一九九九年の日本石油と三菱石油の合併による日石三菱の誕生、二〇一〇年の新日本石油（二〇〇二年に日石三菱が改称したもの）と新日鉱ホールディングスの経営統合によるＪＸホールディングスの登場に代表されるように、下流企業の統合が進展し、「下流部門における過多・過小の企業乱立」は、克服されつつあります。

一方、日本の石油産業の「上流部門における過多・過小の企業乱立」は、現時点でも、解消されたとは言いきれません。本書の序章では、日本石油産業の構造的弱点として、「上流と下流の分断」および「石油企業の過多・過小」という二点を指摘しましたが、このうち後者の「石油企業の過多・過小」は、最近の状況をふまえれば、「上流石油企業の過多・過小」と言い換えた方が良いかもしれません。

「上流と下流の分断」および「上流石油企業の過多・過小」という二つの弱点を克服して、日本にもナショナル・フラッグ・オイル・カンパニーが登場する可能性は、本当にあるのでしょうか。この点については、章を改めて、詳しく掘り下げることにしましょう。

編者注

※ムッソリーニ＝イタリアの政治家（一八八三～一九四五年）。ファシズムの創始者。第一次世界大戦後、ファシスト党を結成。一九二二年ローマ進軍による政権獲得後、独裁体制を確立。エチオピア併合を機にナチスと結び、第二次大戦に参戦。四三年に失脚、一時ドイツ軍の支援を受けたがパルチザンに処刑された。

※フランチェスコ・ロージ監督＝イタリア・ネオリアリズムの社会派ドキュメンタリーの手法を取り入れ、ピエル・パオロ・パゾリーニやタヴィアーニ兄弟、ヴァレリオ・ズルリーニやエットーレ・スコラらとともに、一九六〇年代から一九七〇年代のイタリア映画のポストネオレアリズモを代表した映画監督。二〇一五年一月一〇日、重度の気管支炎のためローマで亡くなった。享年九二歳。

※蒙疆＝中国、内モンゴル自治区中部の旧綏遠(すいえん)・チャハル両省などにあたる地域の呼称。

終章　国際競争力を強化する成長戦略

第一節　ナショナル・フラッグ・カンパニー登場への道

規制緩和の開始と特石法の制定

本書を締めくくるこの章では、日本の石油産業の国際競争力を強化する成長戦略を明らかにし、わが国にもナショナル・フラッグ・オイル・カンパニーが登場する道筋を展望します。そのためには、まず、最近の業界動向を正確に把握することが大切です。業界動向を知るには、一九八〇年代後半から始まった石油産業における規制緩和の動きを振り返ることから始めなければなりません。

一九八〇年代半ばになると、西側諸国のあいだでは、石油危機で打撃を受けた経済の建て直しを図るため、市場の活用を求める声が高まりました。やがて、政府の経済への介入を縮小する動きが活発化し、「小さな政府」のスローガンのもと、世界的規模で規制緩和が進められるようになったのです。日本でも、電電公社や専売公社の民営化、国鉄の分割民営化などが進められ、一九八五（昭和六〇）年四月には日本電信電話（株）と日本たばこ産業（株）が、一九八七年四月にはＪＲ各社が、それぞれ設立されました。

この規制緩和の波は、やがて、わが国の石油産業にも押し寄せました。そのきっかけとなったのは、欧米からの外圧でした。

一九八〇年代にはいると、中東産油国で輸出を目的とした製油所の建設が進み、石油製品のヨーロッパへの集中的流入を恐れたEC（欧州共同体）諸国は、中東産石油製品を日米欧が応分に受け入れることを求めるようになりました。一方、対日貿易赤字に悩むアメリカは、日本に対し石油製品の輸入自由化を強く要求しました。これらと前後して、日本国内でも、石油販売業者が石油製品を輸入する試みが活発化しました。このような内外の動きに対応して、石油審議会は、一九八五年三月、消費地精製方式を戦後はじめて見直す方針を打ち出したのです。

石油審議会は、条件整備を整えながら石油製品輸入の拡大を進める提言を行い、これを受けて資源エネルギー庁は、「特定石油製品輸入暫定措置法」（特石法）の成立を図りました。同法は、一九八六年一月に、一〇年間の時限立法として施行されたのです。

この特石法は、ガソリン・灯油・軽油など石油製品の輸入を促進するものと言うよりは、輸入業者に輸入品代替生産能力・品質調整能力・備蓄貯蔵施設の保持を義務づけることによって、製品輸入を制限するものとして機能しました。実質的には、石油製品輸入業者を精製業者に限定し、精製・元売会社の既得権を守るものだったのです。

一九八六年一二月には、石油製品の輸出に関しても、「国内需給に影響を与えない」などを条件にして、運用が弾力化されました。しかし、純粋な石油製品輸出は、原油処理枠の内数扱いとなるため、増加することはありませんでした。海外からの受託精製という形の製品輸出が、増えただけに過ぎなかったのです。

特石法制定の時点では、日本の石油産業をめぐる規制緩和は、まだ緒についたばかりでした。それが実質的な意味をもつようになったのは、一九八七年に一連の「アクション・プログラム」がスタートしてからのことでした。

アクション・プログラムの遂行

一九八七年六月の石油審議会石油部会石油産業基本問題小委員会の答申を受けて、規制緩和をめざすアクション・プログラムが、五年間にわたり、段階的に遂行されることになりました。このアクション・プログラムのねらいは、石油業界の行政依存体質からの脱却にありました。そこでは、平時においては事業活動の自由を保障し、緊急時においてのみ政府がセキュリティ確保の観点から民間の活動を規制するという考え方がとられていたのです。

アクション・プログラム遂行のプロセスでは、設備許可の運用弾力化（一九八七年七月）、ガソリン生産割当（ＰＱ）制の廃止（一九八九年三月）、灯油在庫確保指導の撤廃（一九八九年九月）、給油所（サービスステーション、ＳＳ）建設指導とＳＳ転籍ルールの廃止（一九九〇年三月）、精製一次設備許可の運用弾力化（一九九一年六月）、原油処理指導の廃止（一九九二年三月）、重油関税割当（ＴＱ）制度の撤廃（一九九三年三月）などの規制緩和措置が、次々と講じられました。このアクション・プログラムの遂行は、限定的な範囲にとどまったとはいえ、日本の石油産業が規制緩和の時代を迎えたことを意味するものでした。

アクション・プログラムの遂行は、石油業界に様々な影響を及ぼしました。石油精製各社は、設備許可制の運用弾力化とガソリン生産割当制の廃止を視野に入れて、接触分解装置の能力増強を進めたのです。また、ガソリン生産割当制廃止によって、元売会社間で売買されていた大口の※「業転玉」は姿を消しましたが、ローリー単位の小口の「業転玉」が横行するようになり、結果的に、元売会社の収益悪化の要因となりました。灯油在庫確保指導の撤廃により、精製・元売各社の灯油保有量は、約一割軽減されました。そして、給油所の建設指導と転籍ルールの廃止は、石油小売部門での競争をさらに激化させたのです。

特石法および第二次石油業法の廃止

一九九〇年代の日本では、石油産業をめぐる規制緩和が本格的に進行しました。

その最終的な画期となったのは、一九九六（平成八）年三月の特石法（特定石油製品輸入暫定措置法）の廃止による石油製品輸入の自由化でした。

特石法の廃止をめぐって、石油業界では、当初、同法の存続を求める意見が、メジャー系元売会社を含め圧倒的多数を占めました。このため、石油連盟は、「特石法の取り扱いに関する意見」を発表し、同法の存続と消費地精製方式の堅持を主張しました。これに対して、出光興産と三菱石油の二社は、石油連盟の意見書に反対を表明し、特石法の撤廃を主張しました。規制緩和は国際的な潮流であり、石油産業は、政府規制から離れて自由であるべきだと主張したのです。

結局、特石法は、廃止されることになりました。特石法廃止にともない、一九九六年四月に、石油関連整備法（「石油製品の安定的かつ効率的な供給のための関係法律の整備等に関する法律」）が施行され、同法にもとづき揮発油販売業法が改正されて、品質確保法（「揮発油等の品質の確保等に関する法律」）となったのです。特石法の下では、石油製品を輸入する主体は実質的に石油精製会社に限定されていましたが、これら一連の法的措置により、石油製品輸入主体に関する制限は撤廃され、給油所建設に関する揮発油販売業法による指定地区制度も廃止されました。

その後も、石油産業をめぐる規制緩和は進行しました。一九九七年七月には、包括承認制の導入により石油製品の輸出が自由化され、同年一二月には、ＳＳ（サービス・ステーション）の供給元証明制度が廃止されました。

特石法廃止を契機にして、日本の石油製品の価格体系は大きく改変され、「国際価格体系」へ移行しました。新しい価格体系の下で、石油小売業界では、新規参入の活発化、SS業態の多様化、価格競争激化による※ガソリン独歩高の解消などの構造変化が生じました。

特石法廃止後の日本では、異業種からのSS事業への新規参入が活発化しました。商社のほか全農（JA、全国農業協同組合連合会）、大手石油ディーラーなどが石油製品輸入に参入し、全農は一部地域の農協系給油所でガソリン、軽油の供給を開始したのです。時を同じくして、石油販売業界では、大手スーパーが商社と組み、SS事業に進出しました。また、自動車用品量販店やディスカウントショップなどが店舗にSSを併設するなど、異業種からの参入が相次いだのです。

競争の激化によって、多くのSSは、苦境に立たされることになりました。全国石油協会の全国石油製品販売業経営実態調査によれば、SSの平均売上高営業利益率は、特石法廃止後の一九九六〜九八年にはマイナスを記録しました。このような収益性の後退は、SSの淘汰を加速させたのです。

一九八〇年代後半以降進展した日本石油産業における規制緩和は、ついに一九六二年制定の第二次石油業法にもとづく政策体系を崩壊させるにいたりました。第二次石油業法は二〇〇二年に廃止され、※石油公団も二〇〇五年に解散したのです。

国内外で始まった石油産業の再編

規制緩和の時代を迎えた日本の石油業界では、経営統合による業界再編が始まりました。一九八五年一月の昭和石油とシェル石油との合併による昭和シェル石油の発足、一九八六年四月の大協石油・丸善石油・旧コスモ石油（精製コスモ）の合併による新生コスモ石油の発足、一九九二年一二月の日本鉱業と共同石油との合併による日鉱共石（一九九三年一二月にジャパンエナジーへ社名変更）の発足などが、それです。また、合併まではいたらなくても、原油購入、精製、物流、販売の各段階における業務提携の動きも活発化しました。エッソ石油とゼネラル石油、モービル石油とキグナス石油、日本石油と三菱石油などのあいだで相次いで業務提携が成立したのも、この時期のことです。

特石法廃止後の石油業界における競争の激化は、やがて石油元売会社の大規模な再編へつながりました。一九九二年日鉱共石（のちのジャパンエナジー）の発足後、一段落した感のあった元売集約化の動きは、一九九九年四月の日本石油と三菱石油との合併による日石三菱の発足で、再び加速することになりました。規制緩和の結果、日本の石油業界における競争は激化し、レギュラーガソリンのグロスマージンは低下しました。このような状況変化を見込んで、一九九六年にカルテックスは日本市場からの撤退を決め、日本石油との資本提携を解消したのです。また、これより前の一九八四年には、三菱石油から外資が撤退していました。いずれも外資系石油企業から民族系石油企業へ転身することになった日本石油と三菱石油は、一九九九年に合併して、日石三菱が誕生したのです。

日石三菱誕生の翌年に当たる二〇〇〇年の七月に、東燃とゼネラル石油が合併し、東燃ゼネラル石油が発足しました。さらに、二〇〇二年六月には、エッソ石油とモービル石油が、アメリカで一九九九年一一月に誕生したエクソンモービルに統合されたのです。なお、日石三菱は、二〇〇二年七月に、社名を新日本石油へ改めました。

その後、二〇一〇年四月には新日本石油と新日鉱ホールディングスとの経営統合により、JXホールディングスが誕生しました。その結果、二〇一〇年七月、事業会社としての新日本石油とジャパンエナジー（新日鉱ホールディングス傘下の事業会社でした）とが合併する形で、JX日鉱日石エネルギーが新発足しました。一連の合併の結果、日本の石油元売会社は、㈠JX日鉱日石エネルギー、㈡コスモ石油、㈢昭和シェル石油、㈣エクソンモービルと東燃ゼネラル石油、および㈤出光興産の、五大グループとその他の企業とに区分されることになりました。このうち東燃ゼネラル石油は、二〇一二年六月にエクソンモービルから自社の株式の一部を購入し、独立色を強めることになったのです。

石油業界の再編は、日本国内のみならず、世界的規模でも進行しました。メジャーズを含む世界各国の大手石油会社は、一九九七年のアジア通貨危機の影響による需要減退、それにともなう原油価格の低迷、厳しくなる一方の環境規制がもたらした負担増大などに耐えかねて、根本的な事業構造の再編に取り組むようになりました。その際採用したのは、世界各地の製油所・油槽所・SS（サービスステーション）の統廃合、企業間提携による事業協力や設備共同使用などの手法でしたが、一九九八年になると、さらに踏み込んで、会社合併を行うようになったのです。一九九八年八月にイギリスのメジャー・BPとアメリカの準メジャー・アモコとの合併が発表されたのに続いて、同年一二月にはエクソンとモービルというアメリカのメジャー同士の合併が発表され、国際社会に大きな反響を呼びました。

BPアモコは一九九八年一二月に、エクソンモービルは一九九九年一一月に、それぞれ発足しました。この二社の誕生が呼び水となって、一九九九年に原油価格が上昇を始めてからのちも、石油会社間の大型合併が相次いだのです。フランスのトタールは、一九九九年三月にベルギーのペトロフィナを合併してトタールフィナとなったのち、二〇〇〇年二月にはフランスのエルフを合併して、社名を再びトタールルへ改めました。BPアモコも、二〇〇二年四月にアメリカのアルコを合併し、社名を再びBPへ戻しました。そして、二〇〇一年一〇月には、アメリカのメジャー同士の合併が再現され、シェブロンとテキサコとの合併により、シェブロンテキサコ（二〇〇五年五月にシェブロンと改称しました）が発足したのです。大型合併によってライバルが巨大化するのに対しては、自らも合併を断行して大規模化するしか対抗手段がないという考え方が、世界の石油業界で支配的となり、合併が合併を呼ぶ状況が現出したのです。

一連の大型合併の結果、世界の石油業界には、「スーパーメジャー」と呼ばれる巨大企業が、五社並立することになりました。それは、エクソンモービル、シェブロン、BP、ロイヤル・ダッチ・シェル（オランダ・イギリス系）、トタールの各社です。

第二節　石油公団の解散、INPEXの成長／蹉跌からの脱却

中核的企業＝INPEXの成長

ここで指摘しておかなければならない点は、規制緩和をきっかけとして第二次石

油業法にもとづく政策体系が崩壊に向かい、石油業界の再編が進行した過程でも、ナショナル・フラッグ・オイル・カンパニーの母体となるような強靭な国内石油企業が出現しなかったことです。ナショナル・フラッグ・オイル・カンパニーの登場は、今日においてもいまだに達成されていない、日本石油産業にとっての残された課題だと言えます。

ただし、二〇〇二年以降の時期には、㈠上流と下流の分断、および㈡上流企業の過多・過小、という日本石油産業の二つの弱点を克服することにつながる可能性のある、新しい動きがみられることも事実です。ここでは、そのいくつかを取り上げることにします。

第一の新しい動きは、国際石油開発帝石（ＩＮＰＥＸ）が中核的企業として成長することによって、上流部門での水平統合が進展をみせたことです。ＩＮＰＥＸと呼ばれる国際石油開発株式会社は、一九六六（昭和四一）年に北スマトラ海洋石油資源開発（株）として設立され、インドネシア・東カリマンタン沖であいついで油田を発見したのち、一九七五年に社名をインドネシア石油（株）と変更しました。一九九〇年代にはインドネシア周辺で事業規模を拡大するとともに、アラブ首長国連邦、北カスピ海、南カスピ海、オーストラリアなどでも大規模な油・ガス田探鉱・開発に事業範囲を拡げてました。二〇〇一年に再度、社名を国際石油開発（株）

と改めたＩＮＰＥＸは、二〇〇八年に帝国石油（株）と完全経営統合して、現在の国際石油開発帝石（ＩＮＰＥＸ）となりました。今日では国際石油開発帝石（ＩＮＰＥＸ）は、石油・天然ガスの保有埋蔵量についてみれば、Ｅｎｉなどの準メジャーズ級に迫る国際的な石油企業となり、高率配当を維持して、日本を代表する優良企業の一つとなっています。

このような国際石油開発帝石（ＩＮＰＥＸ）の成長にとって大きな意味をもったのは、石油公団の解散とその資産処理のあり方でした。石油公団は、二〇〇一年末に閣議決定された「特殊法人等整理合理化計画」にもとづき、二〇〇五年三月に廃止されました。石油公団は、政府から一兆二〇〇〇億円の出資を受け、二兆一〇〇〇億円にのぼる出融資を石油・天然ガス開発企業に投じながら、多額の欠損金を残して解散するにいたりました。したがって、石油公団を廃止することは、単なる「失政の帰結」、つまり、「前向きでないトピック」に思われました。

しかし、そのような見方は、事の半面を見ているにすぎません。実は、石油公団は、優良な石油・天然ガス開発企業数社（国際石油開発(株)、サハリン石油ガス開発(株)、石油資源開発(株)など）の株式など価値ある資産を有していたのであり、それを適切に処理することによって、長年低迷を続けてきた日本の石油・天然ガス開発事業を「前向き」に再構築することが可能だったのです。石油公団が保有する良好な資産が、最も優良な石油・天然ガス開発企業（具体的には、ＩＮＰＥＸ）に集中的に継承されることによって、「前向き」な開発事業再構築への道が開かれたと言えます。

ＪＯＧＭＥＣのリスクマネー供給機能の本格化

第二の新しい動きは、独立行政法人石油天然ガス・金属鉱物資源機構（ＪＯＧＭＥＣ）が新発足し、上流部門での開発を資金面から支援する活動を本格化したことです。二〇〇五年の石油公団の解散にともない、同公団が保有していた優良な資産はＩＮＰＥＸやＪＡＰＥＸ（石油資源開発株式会社）に継承されましたが、それ以外の油・ガス田開発のためのリスクマネー供給機能や石油・プロパンガスの国家備蓄機能は、同じ二〇〇五年に発足したＪＯＧＭＥＣに引き継がれたのです。

そのＪＯＧＭＥＣは、二〇〇八年からのリスクマネー供給業務を本格的に遂行するようになりました。地球温暖化対策が進めば非化石燃料の利用が拡大することは間違いないでしょうが、それでも、石油および天然ガスが、将来にわたり、人類全体にとって枢要なエネルギー源であり続けることは、否定しがたい事実です。石油・天然ガスをほぼ全量輸入する日本の場合には、海外で油・ガス田の開発を積極的に進めることが、安全保障上きわめて重要な意味をもちます。ＪＯＧＭＥＣが油

・ガス田探鉱のためのリスクマネーの供給に本腰を入れ始めたことは、日本石油産業の上流部門の国際競争力強化に貢献するとともに、国益全体にもかなう動きだと評価することができます。

コンビナート統合で消費地精製主義脱却へ

第三の新しい動きは、全国各地でコンビナート統合をめざす動きが活発化したことです。「コンビナート・ルネッサンス」と呼ばれるように、日本の各コンビナート内における石油精製企業と石油化学企業との事業統合は、近年、着実に進展しています（コンビナート統合の動きについて詳しくは、稲葉和也・橘川武郎・平野創『コンビナート統合』化学工業日報社、二〇一三年、参照）。

二〇〇〇年五月の石油コンビナート高度統合運営技術研究組合（Research Association of Refinery Integration for Group-Operation, 略称ＲＩＮＧ）の設立によって始まった日本の石油精製企業と石油化学企業によるコンビナート統合の動きは、二〇〇〇〜〇二年度の第一段階（ＲＩＮＧⅠ）および二〇〇三〜〇五年度の第二段階（ＲＩＮＧⅡ）、二〇〇六〜〇九年度の第三段階（ＲＩＮＧⅢ）を通じて、徐々に活発化しました。同組合は、ＲＩＮＧⅠで、鹿島・川崎・水島・徳山・瀬戸内の五地区において、コンビナート内設備の共同運用による製品や原材料の最適融通などに取り組みました。ついで、ＲＩＮＧⅡでは、鹿島・千葉・堺＝泉北・水島・周南の五地区において、コンビナート内における新たな環境負荷低減技術の確立や、副生成物の高度利用、エネルギーの統合回収・利用などに力を入れました。そして、ＲＩＮＧⅢでは、鹿島・千葉・水島の三地区において、コンビナートとしての全体最適を図るための技術開発を進めました。そして、ＲＩＮＧ事業の成果は、二〇〇九年度にスタートした「コンビナート連携石油安定供給対策事業」に継承されたのです。二〇一三年度まで継承したこの新事業は、㈠資源の有効活用、㈡国際競争力の強化、㈢環境負荷の低減、という三つの目的をもっていました。さらに、二〇一四年度には、「石油コンビナート事業再編・強じん化等等推進事業（石油産業構造改善事業）」がスタートしています。

コンビナート高度統合によって、日本の石油産業や石油化学工業の国際競争力が強化され、強い産業が構築されるのは、なぜでしょうか。その理由は、コンビナート高度統合がもたらす、以下の三つの経済的メリットに求めることができます。

第一は、原料使用のオプションを拡大することによって、原料調達面での競争優位を形成することです。同一コンビナート内の石油精製企業と石油化学企業とのあいだで、あるいは複数の石油精製企業間で、連携や統合が進むと、重質原油やコンデンセートの利用が拡大します。最近の原油高騰局面では、原油価格の重軽格差の拡大が生じましたが、コンビナート統合による重質油分解機能の向上やボトムレス対策の進展によって、相対的に低廉な重質原油を大量に使用できるようになれば、国際競争上、有利な立場を得ることができます。一方、天然ガスに随伴して産出されることが多いコンデンセートに関しては、一般の原油より軽質でナフサに近い性状を有しながら国際的にあまり利用されてこなかったため、石油精製企業・石油化学企業間の提携・統合により、それを使用することが可能になれば、競争上の優位を確保しうるのです。

第二は、石油留分の徹底的な活用によって、石油精製企業と石油化学企業の双方が、メリットを享受することです。同一コンビナート内でリファイナリー（石油精製設備）とケミカル（石油化学）プラントとの統合が進めば、リファイナリーからケミカルプラントへ、プロピレンや芳香族など、付加価値の高い化学原料をより多く供給することができます。また、エチレン原料の多様化も進展します。一方、ケミカルプラントからリファイナリーへ向けては、ガソリン基材の提供が可能です。これらの石油留分の徹底的活用によって、石油精製企業も石油化学企業も、競争力を強化することができるのです。

第三は、コンビナート内に潜在化しているエネルギー源を、経済的に活用することです。残渣油を使った共同発電、熱・水素の相互融通などがそれにあたるのですが、そこで発生した電力や水素については、コンビナート内で消費したうえでなお残る余剰分を、コンビナート外の周辺地域で販売することも可能です。

上記の三点をふまえれば、高度統合の意義は、「懐の深い」コンビナートの構築にあると言えます。この「懐の深さ」は、日本のコンビナートにおいて、すでにある程度実現されています。しかし、それを最大化するためには、石油精製企業・石油化学企業間、ないしは複数の石油精製企業間・石油化学企業間で、連携・統合を本格的に進展させることが必要なのです。

既存の日本のコンビナートは、㈠リファイナリーの二次設備に厚みがある、㈡ケミカルプラントがプロピレン誘導品や芳香族誘導品の製造面で競争力をもつ、㈢電力会社・ガス会社・鉄鋼会社の諸プラントに隣接することが多い、などの強みをもっています。これらのうち㈢の点は、エネルギー源の経済的活用を実現するうえで、重要な条件となります。ただし、この条件は、今のところ、十分には活かされていません。

他方で日本のコンビナートには、㈠全国各地に分散しており、一つ一つのコンビナートが小規模である、㈡各コンビナートの構成企業が統合されていない、などの弱みがあります。㈠は「地理の壁」、㈡は「資本の壁」、とそれぞれ呼びうる問題ですが、ここで論じているコンビナート高度統合は、このうち㈡の「資本の壁」を克服しようとする試みです。長期的には、日本のコンビナートは、連結パイプラインの敷設、小規模コンビナートの統廃合などを通じて、㈠の「地理の壁」をも解消する必要があります。

コンビナート高度統合の進展は、すでに、下流石油企業の組織能力強化につながる成果を生み出しつつあります。それは、いずれも二〇〇八年に生じた、日本の石油業界のあり方を変えるような二つの大きな出来事に見てとることができるのです。

一つは、同年一二月に発表された、新日本石油と新日鉱ホールディングスによる「経営統合に関する基本覚書」の締結です。この経営統合は、二〇一〇年四月に実現し、売上高で準メジャーズ級海外企業（例えば、イタリアのＥｎｉ）を上回る大規模石油会社（ＪＸホールディングス）が、日本に誕生することになりました。

もう一つは、二〇〇八年四月にベトナムで、出光興産・三井化学・クウェート国際石油・ペトロベトナムの合弁会社として、「ニソン・リファイナリー・ペトロケミカル・リミテッド社」が設立されたことです。これは、ベトナム北部に出光興産と三井化学の技術によって製油所・石油化学工場を建設し、そこでクウェート産原油を処理して得た製品を、ベトナム国内および中国南部で販売しようという、グローバルなプロジェクトです。ニソン・プロジェクトの起工式は、二〇一三年一〇月に行われました。このプロジェクトが始動すると、日本の石油業界は、第二次世界大戦後長く続いた国内での消費地精製方式の枠組みから脱却することになります。

ここで注目すべき点は、これら二つの出来事には、共通の要因が作用していることです。それは、各コンビナートで石油精製企業や石油化学企業の高度統合が進展していたという要因です。新日石・新日鉱の経営統合合意の出発点となったのは、RINGⅠの成果をふまえ、二〇〇六年に始まった水島コンビナート（岡山県）での両社製油所の一体的操業でした。また、ニソン・プロジェクトは、RINGⅡやRINGⅢ、「コンビナート連携石油安定供給対策事業」を通じて千葉コンビナートで進展した出光興産・三井化学間の多面的な事業連携の延長上に実現したと言えます。

二つの出来事のうちニソン・プロジェクトは、コンビナート高度統合が、石油・石化産業の国際競争力強化や地域経済の活性化に貢献するだけではなく、エネルギー安全保障の確保にも寄与することを示しています。日本のエネルギー安全保障確保のた

JX グループ誕生で JOMO ブランドは ENEOS へ

めには、省エネルギーの一層の推進、運輸部門における燃料の多様化などとともに、海外での石油・天然ガス資源の開発にも力を入れる必要があります。ただし、資源開発競争は世界的規模で激化しており、そのなかでわが国が勝ち抜くためには、産油国・産ガス国が求める高付加価値技術、つまり石油精製技術や石油化学関連技術を提供する（場合によっては、住友化学がサウジアラムコと合弁で推進している、サウジアラビアでのラービグ・プロジェクトのように、産油国・産ガス国へ石油精製企業や石油化学企業が直接進出する）ことが重要になります。クウェートとともにベトナムも産油国・産ガス国であり、ニソン・プロジェクトは、このようなメカニズムが作用する好例となるでしょう。

日本国内で石油・石化企業の連携・統合が進み、国際競争力あるコンビナートが構築されれば、そこで得られた技術面での知見を、産油国や産ガス国でも、大いに活用することができます。そのことが、国際的な資源開発競争において、わが国にとって有利に作用することは、言うまでもありません。原料使用のオプションを拡大し、石油留分や潜在的エネルギーを徹底活用するコンビナート高度統合は、それのみならず、技術資源の動員によって産油・産ガス国との関係を緊密化するという国家的課題の重要な一翼をも担うことになります。つまり、コンビナート高度統合は「下流の技術力で上流を攻める」ことに結びつくわけです。

中東諸国と人・技術の関係強化／ＪＣＣＰの役割

日本にとって関係を緊密化すべき産油・産ガス国のなかで、筆頭の位置を占めるのは、中東諸国です。二〇一二年現在で、石油は、日本の一次エネルギーの四四％を占めます。わが国は、原油をほぼ一〇〇％輸入していますが、その八三％は中東産のものです。中東諸国との良好な関係なしに日本のエネルギー・セキュリティが確保しえないことは、誰の目にも明らかです。

このような状況をふまえれば、中東産油国が日本に期待するものを正確に把握し、それに適切な形で対応することは、わが国のエネルギー・セキュリティを確保するうえで、必要不可欠な施策だと言えます。長いあいだ、中東産油国にとって日本は、魅力的な市場でした。この点は、今でも変わりはありませんが、中国などの強力なライバル（原油輸入面での競争相手）が登場した昨今、それだけでわが国が、中東諸国の心をつなぎとめることはできません。中東産油国が日本に期待するもの、そして中国にはなくて日本にはあるもの、それは、端的に言えば技術力です。その意味で、「下流の技術力で上流を攻める」ことは、中東諸国との関係において、とくに重要だと言うことができます。

出光興産・三井化学・クウェート国際石油・ペトロベトナムによるベトナムでの

ニソン・プロジェクトについて、コンビナート高度統合がそのルーツになったと指摘しましたが、同プロジェクトには、じつは、もう一つのルーツがあります。それは、国際石油交流センター（ＪＣＣＰ）が展開してきた中東における産業基盤整備事業（技術協力事業）です。

ニソン・プロジェクトは、ベトナム北部に出光興産と三井化学の技術によって製油所・石油化学工場を建設し、そこでクウェート産原油を処理して得た製品を、ベトナム国内および中国南部で販売しようというものです。近年の石油市場では、原油価格の乱高下とともに、重軽格差（重質原油の軽質原油に対する相対的低価格）の拡大も問題となりました。重軽格差の拡大にともない、国際的には相対的に重質である中東産原油のなかでもとくに重質であるクウェート産原油は、国際競争上、不利な立場に立たされることになったのです。石油市場では、世界的に、消費面で軽質製品のウエートが高まり続けている（いわゆる「白油化」の進行）から、クウエートにとって、この問題は深刻さを増していました。一方、出光興産をはじめとする日本の石油精製企業は、重質原油を軽質化する技術を有しています。これらの点をふまえて、クウェートでは、ＪＣＣＰの技術協力事業として、出光興産が中心となって、重質原油の直接改質プロジェクトが遂行されました。今回のニソン・プロジェクトは、このクウェートでのＪＣＣＰの技術協力事業を、もう一つのルーツとしているのです。

中東でのＪＣＣＰの技術協力事業が、その後、発展をみせた事例はほかにもあります。サウジアラビアで取り組んだＨＳＦＣＣ（High-Severity Fluid Catalytic Cracking、高過酷度流動接触分解技術）は、その成果をふまえてＪＸ日鉱日石エネルギーが実用化へ向けた準備を進めており、技術協力のパートナーであるサウジアラムコ（サウジアラビアの国営石油会社）からも強い期待が寄せられています。また、アラブ首長国連邦でＪＣＣＰが関与した製油所のゼロガスフレアリングは、コスモ石油へのＩＰＩＣ（International Petroleum Investment Company、アブダビ政府が全額出資する国際石油投資会社）の二〇％出資を実現させる一つの促進要因となりました。中東でのＪＣＣＰの技術協力事業は、日本の下流石油企業の組織能力向上に、少なからず貢献しているとみなすことができます。

一九八一年に設立されたＪＣＣＰは、技術協力事業とは別に、産油国を中心的な対象にして、年間一〇〇〇人弱規模の石油産業関係者（エンジニアなど）を受け入れ、日本で研修活動を行っています。最近では中東諸国からの受入れ人数が増え、二〇〇一年以降、地域別受入れ実績に占める中東地域のウエートが拡大しています。このほか、ＪＣＣＰは、産油国との技術協力事業や、産油国キーパースンの日本への招聘なども実施してきました。これらの活動を通じて日本について知識や親近感をもつにいたった人々が、中東諸国では、徐々に官産学の要職につき始めています。ＪＣＰの活動によって、日本と中東諸国とのあいだには、濃密な人的ネットワークが着実に構築されつつあると言えます。

第三節　脆弱性の克服と成長戦略

政府介入による下方スパイラル

この章の目的は、日本の石油産業が国際競争力を強化する成長戦略を明らかにし、わが国にもナショナル・フラッグ・オイル・カンパニーが登場する道筋を展望することにあります。そのためにここまで、最近の業界動向を正確に把握することにつとめ、日本石油産業の弱点の克服につながる可能性のある新しい動きがみられることを確認してきました。

第二次世界大戦後の日本において石油産業が長いあいだかかえてきた弱点は、㈠上流部門（開発・生産）と下流部門（精製・販売）の分断、㈡上流企業の過多・過小、の二点に整理することができます。これらの弱点を克服するための基本的な施策は、経営統合を通じて大規模化しつつある下流石油企業が、垂直統合を行う形で、上流石油企業を合併・買収し、結果として、上流部門での水平統合をも推進することに求めるべきでしょう。この施策は、日本の石油産業がもつ㈠上流・下流の分断、および㈡上流企業の過多・過少という二つの弱点を同時に解消するものですから、理想的なものだと言えます。

しかし、現実には、この基本的施策が実現する可能性は低いのです。なぜなら、日本の石油産業の下流部門では、一九八〇年代半ば以降規制緩和が進展し企業統合の動きがみられたにもかかわらず、企業の体質強化が本格的には進まず、最大の課題である低収益体質からの脱却という面で決定的な成果があがっていないからです。

このような事態が生じた原因は、石油業法や特石法などの強固な規制が存在していた時代に、「産業の弱さが政府の介入を生み、その政府の介入がいっそうの産業の弱さをもたらして、それがまた政府の追加的な介入を呼び起こすという悪循環、別の言い方をすれば、下向きのらせん階段、下方スパイラル」（橘川武郎「『石油の安定的な供給の確保のための石油備蓄法等の一部を改正する等の法律案』に関する参考人意見陳述」『第百五十一回国会衆議院経済産業委員会議事録』第9号、二〇〇一年四月一〇日、四頁）が定着し、その影響が規制緩和後も根強く残っている点に求めることができます。石油産業の下流部門のように、この下方スパイラルが長年にわたって作用していた産業では、それに携わる諸企業の組織能力が総じて脆弱化しています。そのため、規制緩和が進みながらも、産業の体質強化は進展しないという、一種の閉塞状況が見受けられるのです。下流企業の組織能力の弱体化は、「下流石油企業が、垂直統合を行う形で、上流石油企業を合併・買収し、結果として、上流部門での水平統合をも推進する」という基本的施策の実現性を、著しく低下させているわけです。

現在の総合資源エネルギー調査会資源・燃料分科会の前身である石油審議会は、二〇〇〇年に、事実上、当時の日石三菱を中心的担い手として、この基本的施策を遂行する方針を打ち出しました(石油審議会開発部会基本政策小委員会『中間報告』、二〇〇〇年八月)。しかし、現実には、ここで説明したような要因が作用して、この方針は、大きな成果をあげなかったのです。

より現実的な弱点克服策は何か?

基本的施策を実行に移すことがすぐには難しいのであれば、基本的施策とは区別される現実的な対応策が求められます。そのような現実的な方策としては、(a)上流部門での水平統合、(b)下流石油企業の組織能力強化、という二点をあげることができます。このうち(b)は、「日本国内でコンビナートの高度統合を進め石油精製事業の国際競争力を強化すること」（ｂ１）、および「世界の石油産業の常識である『上流部門で儲ける』というメカニズムを取り込むため『下流の技術力で上流を攻める』という新しいアプローチを採用すること」（ｂ２）という、二つのポイントからなっています。

二〇〇〇年代にはいって、右記の（ａ）や（ｂ１）、（ｂ２）は、かなりの進展をみました。（ａ）では、ＩＮＰＥＸの成長にともない、上流部門での水平統合が進んだことに注目すべきです。（ｂ１）では、ＲＩＮＧ事業を中心にしたコンビナート高度統合の進展により、「コンビナート・ルネッサンス」と呼ばれる状況が現出しました。そして、その成果は、出光興産と三井化学によるベトナムでのニソン・プロジェクトのように、（ｂ２）の「下流の技術力で上流を攻める」という新しいビジネスモデルを生みつつあります。また、（ａ）についてはＪＯＧＭＥＣ（独立行政法人石油天然ガス・金属鉱物資源機構）が、（ｂ１）についてはＲＩＮＧ（石油コンビナート高度統合運営技術研究組合）が、（ｂ２）についてはＪＣＣＰ（国際石油交流センター）が支援する仕組みも、それぞれ有効に機能しています。

ＩＮＰＥＸを中心的担い手として日本石油産業の上流部門で水平統合が進展すれば、統合を通じて誕生する「中核的企業」は、「自国内のエネルギー資源が国内需要に満たない国の石油・天然ガス開発企業であって、産油・産ガス国から事実上当該国を代表する石油・天然ガス開発企業として認識され、国家の資源外交と一体となって戦略的な海外石油・天然ガス権益獲得を目指す企業体」、つまり、総合資源エネルギー調査会石油分科会開発部会石油公団資産評価・整理検討小委員会『石油公団が保有する開発関連資産の処理に関する方針』（二〇〇三年三月）が定義づけたナショナル・フラッグ・オイル・カンパニーに近い存在となるでしょう（その場合、民間企業に近い組織形態をとるでしょう）。日本においても、ナショナル・フラッグ・オイル・カンパニーが登場する可能性は、存在するのです。

もちろん、上流企業の水平統合を通じてナショナル・フラッグ・オイル・カンパニーが登場したとしても、それだけでは、「上流・下流の分断」という日本の石油産業の弱点が解消されたことにはなりません。しかし、ナショナル・フラッグ・オイル・カンパニーの出現は、この脆弱性を克服するうえでの重要なステップとなりえます。なぜなら、ナショナル・フラッグ・オイル・カンパニーと石油産業の下流部門に携わる企業とのあいだで、あるいは、ナショナル・フラッグ・オイル・カンパニーと電力やガス産業に従事する企業とのあいだで、戦略的提携が成立する可能性が高いからです。そうなれば、石油産業において垂直統合が実現しなかった戦後日本の悲劇は（比喩的な言い方をすれば、エンリコ・マッティの活動が出光佐三の活動と山下太郎の活動に分断された戦後日本の悲劇は）、ようやく終息に向かうわけです。

石油資源開発をめぐる日本の国際競争力の構築という観点に立てば、現状は、けっして悲観すべきものではありません。しかし、一方で、国際的な石油資源開発競争がかつてなく激化していることも、否定しがたい事実です。日本は、成果をあげ始めた様々な取組みをより迅速、より強力に推進することによって、石油資源開発をめぐる国際競争で遅れをとらないようにしなければなりません。

国内での成長戦略　ノーブルユースとガス・電力事業への進出

ナショナル・フラッグ・オイル・カンパニーへの道は、（a）の「上流部門での水平統合」によってだけではなく、（b）の「下流石油企業の組織能力強化」によっても切り拓かれます。（b）を進めるためには、「日本国内でコンビナートの高度統合を進め石油精製事業の国際競争力を強化すること」（b1）、および「世界の石油産業の常識である『上流部門で儲ける』というメカニズムを取り込むため『下流の技術力で上流を攻める』という新しいアプローチを採用すること」（b2）という、二つのポイントが重要な意味をもちますが、これらは、より具体的な言い方をすれば、四つの成長戦略に整理することができます。

まず、日本国内での成長戦略に目を向けましょう。国内における石油業界の成長戦略を考える際にヒントを与えるのは、第一次石油危機が発生した一九七三年と東京電力・福島第一原子力発電所事故が発生する前年の二〇一〇年とを比べた二組の数字のペアです。日本の発電電力量の電源別構成比における石油火力発電のシェアは、この間に七三％から八％にまで急減しました。一方、わが国の一次エネルギー構成に占める石油のウエートは、同じ期間に七七％から四四％へ減少したものの、減少幅（減少率）は石油火力発電の場合に比べればかなり小さかったのです。

石油を火力発電用などの燃料として使用することは、ある意味で「もったいない使い方」です。石油以外にも代替燃料はあるし、発電用として使用することは、エネルギー効率が高いとは言えません。一方、石油を原料として使用する場合には、石油からしか製造できない付加価値の高い商品を生み出すことができます。このように「石油の特性を活かし付加価値を高める用途に使う」ことを、「石油のノーブルユース」と言います。

一次エネルギー構成に占める石油のウエートが発電電力量の電源別構成比における石油火力発電のシェアほどには減らなかったという事実は、わが国において石油のノーブルユースの割合が高まったことを意味します。もちろん、二〇一〇年においても、ノーブルユースの比率それ自体が必ずしも高いわけではありません。しかし、ノーブルユースの比率が傾向的に高まっていることは事実であり、付加価値を生む石油のノーブルユースを徹底させることこそ、石油業界の第一の成長戦略だと言うことができます。

　日本国内でまだ伸びシロがある石油のノーブルユースとして期待されるのは、化学原料としての利用です。それを推進するためには、石油精製設備と化学品製造装置との一体的運用を図るコンビナート統合が、きわめて重要な意味をもつわけです。すでに述べましたように、コンビナート統合は、㈠原料使用のオプションを拡大することによって、原料調達面での競争優位を形成する、㈡石油留分の徹底的な活用によって、石油精製企業と石油化学企業の双方がメリットを享受する、㈢コンビナート内に潜在化しているエネルギー源を経済的に活用する、などの理由で、石油業界と化学業界の国際競争力向上に寄与します。今後は、石油のノーブルユースを徹底し、原油からなるべく付加価値の高い製品を作り出すことができるよう、コンビナート内石油精製設備と化学品製造装置との一体的運用を抜本的に強化する必要があります。そのためには、石油精製企業と石油化学企業の事業所を統合し、「一コンビナート一社」体制を構築することが、理想的でしょう。

　わが国の石油業界にとって第二の成長戦略となりうるのは、ガス事業ないし電力事業に本格的に参入することです。いわゆる「オイル＆ガス」戦略ないし「オイル＆パワー」戦略が、これに当たります。

日本の大手石油元売会社のうち、JX日鉱日石エネルギーと東燃ゼネラルは、従来からガス事業を展開しています。最近では出光興産が、事業ポートフォリオのなかに天然ガスを加える方針を打ち出しました。国際的には一般的な「オイル&ガス」の時代が、いよいよ日本でも幕開けしようとしているのです。

石油業界にとって新規参入の対象となるのは、ガス事業だけではありません。福島第一原発事故を契機にしてシステム改革が進む電力事業も、有望な参入対象となりえます。その場合の参入のあり方は、従来の重油や残渣油を利用したIPP（独立系発電事業者）の域を超えたものとなるでしょう。例えば、東京電力の再生プロセスで東京湾岸のLNG（液化天然ガス）火力発電所が売却されることになれば、石油元売会社がその買い手として名乗りをあげる可能性は大いに存在します。「オイル&ガス」の時代の到来は、「オイル&パワー」の時代の到来をともなうものとなるかもしれません。

国際的な成長戦略　需要が広がるアジア市場への進出

ここまで述べてきました、㈠石油のノーブルユースの徹底と㈡ガス・電力事業への本格参入は、日本国内の市場を対象にした石油業界の成長戦略です。これらのほかにも、海外市場、とくに石油製品の需要が急伸するアジア市場を対象にした成長戦略が存在します。それが、㈢輸出の拡大および、㈣海外直接投資の推進という、第三、第四の成長戦略です。

この第三、第四の成長戦略を深く掘り下げた報告書として注目されるのが、二〇一三年三月、経済産業省資源エネルギー庁資源・燃料部の委託を受けて日本エネルギー経済研究所がまとめた「我が国石油精製業の海外展開等に関する調査・報告書」(以下では、適宜「海外精製調査報告書」と呼びます)です。この報告書の作成にあたっては有識者委員会(通称は「海外精製委員会」)が設置されましたが、筆者(橘川)は同委員会の委員長をつとめさせていただきました。

海外精製調査報告書は、アジア地域では石油製品の需要が着実に増大する一方で、日本の石油製品の自給率が顕著に低下することを指摘しています。そのうえで、日本の石油業界にとっての新たな成長戦略が、アジア市場を対象にした輸出の拡大(前記の㈢)と海外直接投資の推進(前記の㈣)にあることを力説しているのです。

海外精製調査報告書は、シンガポール・インドネシア・バングラデシュ・ミャンマー・カンボジアでの現地調査をふまえて、日本の石油業界には、アジア市場向け輸出を拡大するチャンスがあることを指摘します。アジア市場向け石油製品輸出に関しては、日本企業より韓国企業が先行していますが、興味深いのは、そのお膝元の韓国で、近年、軽油の輸入が急増している事実です。韓国企業は、アジア市場向けに石油製品を輸出するにあたって、低価格を最大の武器にしています。その結果、収益面でマイナスが生じるわけですが、それをカバーするために、国内価格を割高に設定することが多いのです。そうすると、日本企業にとって、韓国市場向けに石油製品を輸出するチャンスが生まれます。このような興味深い動きが、近年、とくに軽油に関して生じたのです。

日本の製油所は、早い時期に建設されたこともあって、アジア域内の新興国の製油所に比べて、規模の経済の発揮の点で遅れをとっています。しかし、需要の変動が激しい商品の市場においては、小回りのきく小規模生産者の方が競争優位に立つこともあります。大企業の大規模工場より、中小企業の小規模工場が多数集まった産業集積の方が、需要の変動に柔軟に対応しうることは、産業集積論の「柔軟な分業」の理論が教えるところです。日本の製油所がアジアの石油製品市場の変化に的確に反応し、市場が求める製品を機敏に供給することができるならば、輸出の拡大は、わが国の石油業界にとって有望な成長戦略になりえます。最近みられた韓国向け軽油輸出の拡大は、そのことを雄弁に物語っています。

第四の成長戦略である海外直接投資については、すでに紹介したように、最近、恰好の事例が出現しました。出光興産が、三井化学・クウェート国際石油・ペトロベトナムと協力して、ベトナムで進めるニソン・プロジェクトが、それです。このニソン・プロジェクトが始動すると、日本の石油産業は、第二次世界大戦後長く続いた国内での消費地精製方式の枠組みから脱却し、新たな地平で事業を展開することになります。

電力・ガスにない「底力」テコに「逆転勝利」を！

たしかに、石油製品の国内需要が減退するなかで、石油産業が成長戦略を遂行することは、けっして容易なことではありません。日本では天然ガス使用量は増大し、電力使用量もほぼ横這いで推移しており、一方で石油製品内需の減少は、ガス業界や電力業界にはない、石油業界固有の苦難だからです。

ただし、石油業界には、ガス業界や電力業界にはない強みもあります。それは、規制緩和がいち早く進んだため、業界内で厳しい競争が生じ、民間企業としての経営体質の鍛練がある程度進んでいることです。この点は、いまだに小口供給部門に総括原価制度が存続し、業界内競争が限定的にしか生じていないガス業界や電力業界にはみられない特徴です。日本の石油産業は、競争で鍛えられた「底力」を今こそ発揮し、内需の減退という逆境を克服して「逆転勝利」を手にするために、ノーブルユースの徹底、ガス・電力事業への進出、輸出の拡大、海外直接投資の推進、という四つの成長戦略を遂行していかなければならないのです。

本書の序章で紹介した総合資源エネルギー調査会資源・燃料分科会石油・天然ガス小委員会の中間報告書（二〇一四年七月）は、「最後に」の部分で、「国内需要が一層減少し、国内市場だけに目を向けた過当競争が進めば、利益も生まれず、持続性も期待できないという厳しい状況は、それぞれの事業者がそれぞれの強みを活かして国際的にも競争できるような力をつけて海外市場に目を向け、また、個々の事業者だけではなく事業者間での連携による取組に向けた背中を押してきている。単一の成功の方程式はないが、それぞれの事業者が厳しい経営環境の中で、スピード感を持った経営判断を行い、自社の個性を活かした成長戦略を模索し、飛躍を果たしていくチャンスが訪れていると考えることもできる。政府としても、向こう数年間の間に集中的に、あらゆる政策手段を動員して環境整備を行うことにより、スピーディな対応を促していく」、と述べています。この文章にあるとおり、政府が積極的な支援策を講じ、日本の石油産業が前向きな成長戦略を積極的に展開していくことを、切に期待します。

編者注

※業転玉＝石油元売の余剰在庫がノーブランド品として供給される業者間転売品の略称。

※ガソリン独歩高＝石油製品価格は、第一次石油危機以来、行政指導により、ぜいたく品のガソリン価格は高く、産業用の軽油や消費者が使う灯油価格は安くというガソリン独歩高が形成されていた。しかし、特石法廃止による石油製品輸入自由化を契機に、仕切価格決定方式が見直され、海外の製品市況と同様にガソリン、灯油、軽油の三品がフラットな価格体系になるよう変更された。

※石油公団解散＝石油公団は、海外での自主原油開発を推進するため一九六七年政府出資により設立（当初の名称は石油開発公団）され、のちに石油備蓄業務も担う特殊法人だった。しかし、堀内光雄経済産業大臣（当時）が、自らの調査でずさんな石油公団の財務内容を指摘。小泉政権下の特殊法人改革の一環で廃止され、二〇〇五年に新たに設立された独立行政法人・石油天然ガス・金属鉱物資源機構（ＪＯＧＭＥＣ）に業務を移管した。

参考文献

鮎川勝治（一九七七）『反骨商法』徳間書店。

アラビア石油株式会社（一九六八）『アラビア石油─創立10周年記念誌』。

アラビア石油株式会社（一九九三）『湾岸危機を乗り越えて　アラビア石油35年の歩み』。

井口東輔（一九六三）『現代日本石油産業発達史Ⅱ　石油』交詢社。

稲葉和也・橘川武郎・平野創（二〇一三）『コンビナート統合』化学工業日報社。

D・ヴォトー著伊沢久昭訳（一九六九）『世界の企業家7　マッティ‐国際石油資本への挑戦者─』河出書房新社（Votaw, 1964, の邦訳書）。

出光興産株式会社編（一九六四）『出光略史』。

出光興産株式会社編（一九七〇）『出光五十年史』。

出光興産株式会社編（二〇一二）『出光１００年史』。

出光興産株式会社店主室編（一九九四）『積み重ねの七十年』。

エネルギー懇談会（一九六一）『石油政策に関する中間報告』一九六一年十一月二〇日。

奥田英雄（一九八一）『中原延平傳』東亜燃料工業株式会社。

奥田英雄編（一九九四）『中原延平日記』全5巻、石油評論社。

北沢新次郎・宇井丑之助（一九四一）『石油経済論』千倉書房。

橘川武郎（一九九五）『日本電力業の発展と松永安左ヱ門』名古屋大学出版会。

橘川武郎（二〇〇四）『日本電力業発展のダイナミズム』名古屋大学出版会。

橘川武郎（二〇〇九）『シリーズ情熱の日本経営史①　資源小国のエネルギー産業』芙蓉書房出版。

橘川武郎（二〇一二a）『日本石油産業の競争力構築』名古屋大学出版会。

橘川武郎（二〇一二b）『戦前日本の石油攻防戦』ミネルヴァ書房。

橘川武郎（二〇一二c）『出光佐三』ミネルヴァ書房。

橘川武郎（二〇一三）『日本のエネルギー問題』ＮＴＴ出版。

橘川武郎監修・訳（一九九八）『ＧＨＱ日本占領正史第47巻　石油産業』日本図書センター。

コスモ石油株式会社（二〇〇六）『コスモ石油20年史　飛躍へのかけ橋』。

シェル石油株式会社編（一九六〇）『シェル石油60年の歩み』。

石油開発情報センター（一九九六）『平成8年度外国石油会社の国際上流事業の展開と成果の実情報告書』石油公団。

石油公団（一九九八）『欧州国営（国策）石油会社の自立成功要因』。

石油公団企画調査部（一九九八）『欧米先進国の石油開発に対する国家の関与』。

石油コンビナート高度統合運営技術研究組合（二〇〇六）『コンビナート高度統合研究会報告書』二〇〇六年三月。

石油審議会（一九九四）「今後の石油製品供給のあり方について」一九九四年十二月。

石油審議会開発部会基本政策小委員会（二〇〇〇）『中間報告』二〇〇〇年八月。

石油審議会基本政策小委員会（一九九三）『中間報告』一九九三年十二月。

石油審議会石油部会基本政策小委員会（一九九八）『報告書』一九九八年六月。

石油審議会石油部会石油産業基本問題検討委員会（一九八七）「１９９０年代に向けての石油産業、石油政策のあり方について」一九八七年六月。

総合資源エネルギー調査会資源・燃料分科会石油・天然ガス小委員会（二〇一四）『中間報告書』二〇一四年七月。

総合資源エネルギー調査会石油分科会開発部会石油公団資産評価・整理検討小委員会（二〇〇三）『石油公団が保有する開発関連資産の処理に関する方針』二〇〇三年三月。

総合資源エネルギー調査会石油分科会石油政策小委員会（二〇〇六）『総合資源エネルギー調査会石油分科会石油政策小委員会報告書』二〇〇六年五月。

滝口凡夫（一九七三）『創造と可能への挑戦』西日本新聞社。

竹内伶（一九八七）『東燃高収益戦略』アイペック。

武田晴人（一九七九）『資料研究―燃料局石油行政前史』産業政策史研究所『産業政策史研究資料』。

田中敬一（一九八四）『石油ものがたり―モービル石油小史―』モービル石油株式会社広報部。

通商産業省編（一九八〇）『商工政策史第23巻鉱業（下）』。

通商産業省編（一九九二）『通商産業政策史第3巻　第1期戦後復興期（2）』。

津村光信（一九九九）『西欧主要国政府の自国石油産業育成』。

東亜燃料工業株式会社編（1956）『東燃十五年史』。

東亜燃料工業株式会社（一九七一）『東燃三十年史』上巻・下巻。

日本エネルギー経済研究所（二〇〇二）『欧米主要国の自主開発政策における石油産業と政府の関係』。

日本エネルギー経済研究所（二〇一三）『我が国石油精製業の海外展開等に関する調査・報告書』二〇一三年三月。

日本経営史研究所編（一九九〇）『脇村義太郎対談集』。

日本石油株式会社編（一九五八）『日本石油史』。

日本石油株式会社・日本石油精製株式会社社史編さん室編（一九八八）『日本石油

百年史』。

燃料局（一九三七ａ）『礦油関税改正ニ関スル資料』。

燃料局（一九三七ｂ）『石油業法関係資料』。

百田尚樹（二〇一二）『海賊とよばれた男』上巻・下巻、講談社。

モービル石油株式会社編（一九九三）『１００年のありがとう—モービル石油の歴史』。

Anderson, Irvine H. Jr., 1975, The Standard-Vacuum Oil Company and United States East Asian Policy, 1933-1941, Princeton University Press.

Frankel, Paul H., 1966 : Mattei: Oil and Power Politics, Faber and Faber.

Votaw, Dow, 1964 : The Six-Legged Dog, University of California Press.

おわりに

二〇一一年三月一一日の東日本大震災にともない発生した東京電力・福島第一原子力発電所事故をきっかけにして、日本のエネルギー政策は、根本的な転換を迫られることになりました。それ以来、総合的なエネルギー政策を議論する審議会などに限定しても、今後のエネルギー政策に関する有識者会議(二〇一一年五月～七月)、総合資源エネルギー調査会基本問題委員会（二〇一一年一〇月～一二年一二月)、同総合部会（二〇一三年三月～六月)、同基本政策分科会（二〇一三年七月以降）と、実に数多くの会合が重ねられ、今日にいたっています。筆者は、これらの会合に一委員として参加してきましたが、一貫して気になることがありました。それは、議論の主眼が原子力政策ないし電力政策におかれ、一次エネルギーのなかで最大の比重を占め続ける石油に関する政策について、十分な検討が行われていないという点でした。

ようやく、二〇一三年一一月になって総合資源エネルギー調査会資源・燃料分科会が開催され、同委員会のもとに設置された石油・天然ガス小委員会が、一四年七月に中間報告書をとりまとめ、公表しました。この中間報告書は、日本の石油産業の成長戦略にかかわる重要な内容を含んでいましたが、一方で、報告書公表の一ヵ月前に産業競争力強化法の五〇条が石油精製業に適用されたこともあって、政府主導で石油業界のリストラを図る方針を打ち出したものだという受けとめも、一部では見られました。筆者は、資源・燃料分科会と石油・天然ガス小委員会の座長をつとめていたこともあって、このような混乱が生じたことに責任を感じ、事態を正確に整理するとともに、わが国の石油産業の成長戦略について、その展望を改めて明確にする必要があると思いいたりました。その結果誕生したのが、本書です。本書の出来ばえについては読者の皆さまのご判断に委ねるしかありませんが、本書が一人でも多くの方々のお目にとまることを、願ってやみません。

本書の刊行にあたっては、株式会社石油通信社の永野正己代表取締役と斉藤知身記者に、大変お世話になりました。ここに特記して、謝意を表します。

二〇一五年二月

橘川　武郎

石油通信 石油通信社新書
002

石油産業の真実
―大再編時代、何が起こるのか―

著者　橘川 武郎

2015年5月25日 第1刷発行

発行者　永野 正己
発行所　㈱石油通信社
〒105-0004　東京都港区新橋2-16-1-523号
電話(03)3591-8351　FAX(03)3591-8329
info@kksekiyu.com　http://www.kksekiyu.com/
振替 00120-8-20788
印刷・製本　昭和情報プロセス㈱
東京都港区三田 5-14-3

ISBN978-4-907493-04-2　C0257